U0336529

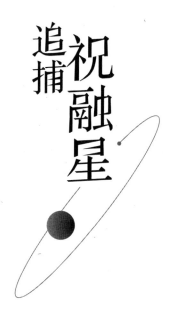

后浪出版公司

THE HUNT
FOR
VULCAN

追捕祝融星

爱 因 斯 坦 如 何 摧 毁 了 一 颗 行 星

Thomas
Levenson

［美］托马斯·利文森 著

高 爽 译

民主与建设出版社
·北京·

© 民主与建设出版社，2019

图书在版编目（CIP）数据

追捕祝融星：爱因斯坦如何摧毁了一颗行星 /（美）
托马斯·利文森著；高爽译. -- 北京：民主与建设出
版社，2019.11

　　书名原文：The Hunt for Vulcan⋯And How Albert
Einstein Destroyed a Planet, Discovered Relativity,
and Deciphered the Universe

　　ISBN 978-7-5139-2554-9

　　Ⅰ．①追⋯ Ⅱ．①托⋯ ②高⋯ Ⅲ．①水内行星—普
及读物 Ⅳ．①P185-49

中国版本图书馆CIP数据核字(2019)第142906号

版权登记号：01-2019-5052

追捕祝融星：爱因斯坦如何摧毁了一颗行星
ZHUIBU ZHURONGXING：AIYINSITAN RUHE CUIHUI LE YIKE XINGXING

出 版 人	李声笑
著　　者	［美］托马斯·利文森
译　　者	高　爽
筹划出版	银杏树下
出版统筹	吴兴元
编辑统筹	费艳夏
责任编辑	王　颂　周　艺
特约编辑	赵晓莉
装帧制造	墨白空间
封面设计	柒拾叁号工作室
出版发行	民主与建设出版社有限责任公司
电　　话	（010）59417747　59419778
社　　址	北京市海淀区西三环中路 10 号望海楼 E 座 7 层
邮　　编	100142
印　　刷	北京盛通印刷股份有限公司
版　　次	2019 年 11 月第 1 版
印　　次	2019 年 11 月第 1 次印刷
开　　本	889 毫米 ×1194 毫米　1/32
印　　张	7.25
字　　数	144 千字
书　　号	ISBN 978-7-5139-2554-9
定　　价	52.00 元

注：如有印、装质量问题，请与出版社联系。

献给卡塔（Katha）和亨利（Henry），
他们是赐予我的弥久常新的礼物

献给我的叔叔丹尼尔·利文森（Daniel Levenson）和
戴维·塞巴格－蒙蒂菲奥里（David Sebag-Montefiore），
谨以此怀念他们与我同甘共苦的时光

译者导读

科学的历史，毫无疑问是人类历史的组成部分。

但科学史作为特定类型的专门史，在历史学专业的本科教育乃至研究生课程中，所占比例极少。有关科学史的教育和研究，反倒是哲学专业感兴趣的主题。这样的事实意味着，科学的历史与社会史、政治史、科学研究本身，都有着显著的差别，对科学史的理解往往需要借助人与自然的关系、人类的认知模式、知识和学习的方法等哲学内容。

通俗地说，我们今天对这个世界和我们自身的理解，构成我们常说的三观；而三观的形成和变化，很大程度上是科学发展促成的，这一点在有文字记载的历史阶段尤为明显。结构稳固而转动精密的仪器让人类获得了优质的行星位置数据，严谨完备的数据推理出了行星运动的定律（所以自然应该符合秩序），定律所描述的椭圆轨道和太阳位置打破了根深蒂固的地心说传统（所以运动才是主旋律），望远镜的光学能力再次给人类呈现前所未见的宇宙深处（所以我们未知的远远超过已知的）……在本书所讲述的故事发生之前，人类已经凭借着天文学的进步一次又一次地革新了自己的三观。在此基础上，伟大的牛顿登上舞台，为人类带来了最耀眼的光芒。是牛顿的光，让人类可以用简单的数学公式描绘宇宙的规则。从我们身边的一颗苹果，到遥远的哈雷彗星，这一切物体的运动过程都可以被我们掌握，而领会这些知识并不十分困难。在今天的中国教育体系里，17 岁的少年应该已经掌握了三大定律和万有引力定律的基本概念，并将其应用于常见环境的计算中。高考物理试卷上全是这样的题目。

你看，人类记忆中的科学和三观按理说是充满了变革的。人类（社会）不会因此养成盼望变革、接纳变革的习惯吗？本书试图用非虚构写作的方式，讲述历史细节，从而回答这个问题。恰恰和大部分人的想象相反，科学界（以天文学和物理学为代表）可能是人类社会中最保守、最不愿意接受变革的群体。

2017 年 8 月 22 日，美国境内可以观测到日全食。国内不乏自费前往观测的天文爱好者，其中也有不少人计划借此机会重复一项历史上著名的科学实验。这项实验，曾经刷新了人们对时空观念的认识，也塑造了今天人们对科学本质的理解，这一实验的影响范围甚广。在介绍近代以来的物理学、天文学发展史的资料中，在入门的教科书上，总能见到这个实验。本书是科学史非虚构写作的优秀作品，自然不可能对如此重要的实验视而不见。实际上，作者正是用这个实验给全书画了句号。

在我们心目中，早已习惯科学故事具有这样一种框架：伟大的科学家提出了革命性的新思想，没有人接纳他；个别的英雄单枪匹马突破封锁，终于验证了这一切。人们最终接纳了新思想，战胜了传统的束缚。

但事实，是这样简单吗？实验已经过去了 100 年，争吵却没有停止。

前　言

1915 年 11 月 18 日，柏林

　　一个从西郊来的男人正在赶路，他的目的地是城中心。这个男人的头发通常总有一些蓬乱（这头蓬乱的头发未来将和他本人一样出名），但今天却因为一场公开讲座而被收拾得相当服帖。他走上菩提树下大街，这条大街穿过勃兰登堡门，向东一直延伸到施普雷河。他径直走进菩提树下大街 8 号，这里通往普鲁士科学院。

　　这是一战打响后的第二年，秋天的一个星期四。科学院的成员们赶来聆听一场学术讲座。这个系列讲座一共有四场，这一天进行的是第三场。这个系列讲座的主讲人是他们的一位新同事，这位尚年轻的男子走到房间前方，掏出他的笔记——仅仅是几页稿纸，就开始了演讲。

　　这位年轻人便是阿尔伯特·爱因斯坦，当天的演讲以及随后一周进行的又一次演讲，成就了这位 20 世纪最伟大的天才。我们现在把他的这些思想称为广义相对论：这是关于引力的理论，也是宇宙学的基础。宇宙学是把宇宙作为一个整体，研究它的诞生和演化的学科。爱因斯坦的结果标志着孤独思考者的胜利：他战胜了同行的偏见与怀疑，也超越了历史上最著名的科学家，艾萨克·牛顿爵士。

虽然爱因斯坦的理论横扫一切，但在 18 日那天的演讲中，他只重点讲了一个小东西：水星。这是当时已知的最小行星。具体说来，他讲的是水星轨道原因不明的微小异常——科学家观测到水星的轨道不太稳定。但是直到爱因斯坦的演讲之前，关于水星轨道的异常现象，科学家一直没有合理的解释。

到 1915 年为止，水星这种不安分的行为已经被发现了六十余年了。在这期间，天文学家在探索水星古怪行为的道路上越走越远。一切工作都建立在牛顿引力理论的经典框架内（这是科学革命最伟大的胜利），对此最早、看上去也最明显的解释是，在太阳的烈焰附近隐藏着一颗全新的行星，它产生了足够大的引力，使水星偏离了"正确"的轨道。

行星由于受到干扰而偏离轨道是个完全合理的假设。事实上，的确存在这样的先例，最初看起来不合逻辑，但最终被证明是正确的。随着水星轨道问题变得众所周知，业余爱好者和职业天文学家都热衷于在太阳的光芒中探寻和辨认这颗"潜伏"着的行星。在二十多年的时间里，它被反复发现了十多回。人们计算了它的轨道，根据古老记录中无法解释的天象还原了它的历史，甚至还赋予了它名字：祝融星（Vulcan）[①]。

然而，唯一的问题是：

---

① 伏尔甘（Vulcan）为希腊神话中的火神。中国上古神话中，火神的名字为祝融。因此，中文将其译为"祝融星"。——译注

这颗行星，从来都不存在。

本书讲述了祝融星的故事：它的身世、诞生，它在热切的追捕者眼中古怪而又难以捉摸的经历，它被打入炼狱的日子，以及最终在 1915 年 11 月 18 日命定爱因斯坦之手。

初见之下，这似乎有些许讽刺，似乎这是一个关于 19 世纪天文学家的愚蠢和维多利亚时代的绅士们执着地追逐一个谬误的故事。但祝融星的故事绝不只是一场荒唐可笑的事件，它有着更深刻的内涵。它触及了科学发展的真正核心，与我们在学校里学到的全然不同。

理解物质世界是一项艰巨的事业，它带来一个关键问题：如果某些观测现象不能用人类现有的知识体系加以解释，我们该何去何从？标准答案是：我们需要修正科学理论以解释那些新的事实。毕竟，科学才是精确认识事物的唯一利器。所有的科学结论，即便是那些最受人们欢迎的，最终都将接受事实的检验。在人们对科学方法的常见描述中，任何有悖于实证结果的理论都是站不住脚的，人们需要建立新的理论来解释这些实证结果。

但是人们难以改变已经根深蒂固的理论观念，牛顿理论便是典型的例子。数十年里，传统的引力理论如此强大，以至于观测者们冒着视网膜被烧穿的危险、前仆后继地在太阳附近寻找祝融星。并且，仅仅是水星轨道异常这样与流行科学图景相反的事实，还不足以撼动牛顿理论的大厦。纵观人们对祝融星的探索历史便能发现，如果不是在极度紧迫或者存在另一种"替补"理论的情况下，没有人会心甘情愿地放弃强大、优美，或者仅仅只是熟悉且实用的理论概念。

在一战爆发后，第二年11月的第三个星期四，爱因斯坦终结了祝融星的历史。为了提出这个全新的引力图景，爱因斯坦花费了近十年光阴。在新图景中，物质和能量告诉空间和时间如何弯曲，而空间和时间告诉物质和能量如何运动。在那个星期四下午，爱因斯坦向同事展示了他的证明：考虑相对论效应后，水星貌似"偏离"，实则遵循它的自然轨道。这个结果在经过一系列的数学推理后浮现出来，是客观事物服从于数学的完美结果。

在此背景下，祝融星成为广义相对论的第一个测试对象，它的命运决定了爱因斯坦的理论是否真正洞察了我们这个宇宙的某些运行方式。但要做到这一点，也就是通过古怪的广义相对论来预测祝融星的命运，需要大胆而又精细的推理：爱因斯坦奋斗了八年多才了结了这颗幽灵之星。这一部分故事充分展现了一个思考者需要具备多强的能力，才可以在前人的智慧之上独自做出伟大的发现。

通常，爱因斯坦是一个相当冷静的人，但在这一件事上，他极为激动。他告诉朋友，当完成水星轨道计算、看到正确的数字出现在一长串单纯的推理之后，发现自己的方程轻而易举地就解决了水星的运动问题时，他整个人仿佛被击中了。他感到心跳加速:"好像有什么东西从身体里迸发出来。"

　　祝融星早已成为过去,几乎完全被今人遗忘。从今天看来,那可能只是科学界的花边新闻,是我们的先辈犯过的又一个错误,而我们现在对它有了更深的理解。但对于如何面对科学中的失败这一问题,在科学革命甫一开始便很棘手,至今依然如此。我们或许,也的确比古人知道得更多,但并不能因此就免于落入思维的窠臼和想象的瓶颈,也不能避免前人的错误。人类具有发现和自我欺骗的双重能力,祝融星的故事就是这样的一个例子。它提供了一个机会,告诉我们认识真实的自然界有多么不容易,改变固有的观念是多么困难。

　　摒弃经验,拥抱新知。当我们这样做的时候,这便是一个越发有趣的传奇。

目　录

译者导读.. i

前　言.. iv

第一部分　从牛顿到海王星（1682—1846 年）............1

第 1 章　"牢不可破的世界秩序".....................3

第 2 章　"快乐的思想"................14

第 3 章　"这颗星没在星图上"..........................27

插　曲　"太不可思议了"..............................43

第二部分　从海王星到祝融星（1846—1878 年）........51

第 4 章　38 秒........................53

第 5 章　扰动质量.....................68

第 6 章　"搜索将圆满结束"..........................78

第 7 章　"躲藏了这么久"..........................91

插　曲　"解决问题的特殊方法"...................110

第三部分　从祝融星到爱因斯坦（1905—1915 年）...123

第 8 章　"最快乐的思想"........................125

第 9 章 "帮帮我吧，我快要疯了"...............139

第 10 章 "欣喜若狂"....................157

后记："渴望看到……先定的和谐"....................171

致 谢 180

注 释 185

参考文献....................205

插图来源....................216

出版后记....................217

第一部分

从牛顿到海王星

（1682—1846 年）

第 1 章

"牢不可破的世界秩序"

1684 年 8 月,剑桥

埃德蒙·哈雷(Edmond Halley)刚刚经历了一个悲伤而又焦躁的春天。3 月,他的父亲失踪了。在斯图亚特王朝统治的最后几年中,政局混乱,这算不上多么稀奇的事。哈雷的父亲在五个星期之后被发现,当时已经死亡,也没有留下任何遗言。在接下来的几个月里,年轻的哈雷不得不处理麻烦的后事:教区牧师欠他父亲 12 英镑;作为房地产交易费用的一部分,每年要付给一位女士 3 英镑;还要收租、安抚托管人。这些痛苦的差事几乎耗费了哈雷整个夏天。最后,他还必须跑到剑桥镇,当面处理一些在伦敦理不清的细节。

这趟旅行起初没有什么快乐可言,但交代清楚那些法律事务之后,意想不到的好运找上了他。早在 1 月,哈雷遭遇这些变故之前,他巧妙地对天体进行了分析,计算表明,驱使行星围绕太阳运行的作用力满足这样一种性质:力的大小与它们到太阳的距离的平方成反比。但紧接着问题就来了，这个被称为平方反比定律的数学表达，可以解释我们观测到的所有行星的运动轨道吗？

这看起来只是个技术问题，但欧洲最聪明的头脑意识到，它将带来一场变革。平方反比定律的确成了科学革命的高潮，在那场漫长的斗争中，数学取代拉丁语成为科学的语言。1684年1月14日，哈雷和两位老友在一次皇家学会会议之后聊了起来。这两位分别是博学的罗伯特·胡克（Robert Hooke）和皇家学会前任主席克里斯托弗·雷恩（Christopher Wren）爵士。当他们把话题转到天文学的时候，胡克宣称他已经得出了指导宇宙万物运动的平方反比定律。雷恩不相信他，因此用一本在今天价值300美元的书作为赌注：哈雷和胡克之中，如果谁能在两个月之内给出这一定律的严格证明，谁就能得到这本书。哈雷很快就承认无法做到，而胡克尽管虚张声势，却也没能在雷恩的截止日期之前提供书面的证明。

事情就卡在了这里，直到哈雷与亲属一起料理完父亲的后事。当时，哈雷就在伦敦东边的剑桥——为什么不顺路去剑桥大学呢？在那里至少可以享受一下午讨论自然哲学的乐趣，缓解之前的悲伤与烦躁。哈雷走入圣三一学院，大门的左侧是学院广场，右侧的楼梯把哈雷领到一个房间。在这里面的，正是卢卡斯数学教授——艾萨克·牛顿。

对牛顿的大部分同时代人来说，1684年的夏天是一个谜。伦敦的自然哲学家们往往视牛顿为智慧非凡的圣人，但哈雷是牛顿为数不多的熟识的人,更是他寥寥无几的朋友之一。关于牛顿工作的公开记录非常稀有。他的名望基于少数几个杰出的研究结果,这些成果大部分都体现在 17 世纪 70 年代初他写给皇家学会秘书的信件中。牛顿暴躁、骄傲,动辄就生气,还记仇。早年间,他与胡克的纠纷让他不愿意再冒险进行烦人的公开辩论;往后的 10 年间,他的大部分研究成果都没有公开。因此,正如为他立传的传记作家理查德·韦斯特福尔(Richard Westfall)所言,如果牛顿死于 1684 年的春天,那他为人们所记住的将是他非凡的天赋和古怪的性格,仅此而已。但那些到三一学院巨庭(Great Court)东北角房间访问的人却会发现,这里有一颗热情的、整个欧洲都无人能与之匹敌的头脑。

上流社会的肖像画家内勒(Godfrey Kneller)于 1689 年为牛顿绘的肖像,这是已知最早的牛顿肖像

埃德蒙·哈雷，由穆雷（Thomas Murray）绘于《原理》出版期间

很久之后，牛顿同另一位朋友提到那个夏天哈雷到访的故事。如果老年牛顿的记忆还不错的话，他当时和哈雷寒暄了好一阵。但最终，哈雷抛出了从 1 月开始就困扰自己的问题：平方反比会产生什么结果？"假设行星指向太阳的引力与它到太阳的距离的平方成反比"，那么行星的轨道曲线会是什么形状？

"椭圆。"牛顿立即回答道。

哈雷"简直呆住了"，他问牛顿为何如此确定。

"我计算过。"牛顿回答道。当哈雷要求看一看手稿的时候，牛顿在自己的笔记中翻找起来。但那一天，牛顿表示他没能找到那份笔记。他答应找到之后马上把结果寄给在伦敦的哈雷。几乎可以肯定的是，牛顿当时有所隐瞒。相关的计算后来在他的论文里被发现。当哈雷急切地在房间里等待的时候，牛顿其实可能已经意识到，他原来的设想有错误。

没关系。牛顿重新进行了计算，并且加紧努力。11 月，他将满满 9 页的数学推导寄给了哈雷，标题是《论物体在轨道上的运动》（*De motu corporum in gyrum*）。这篇论文证明了人们后来熟知的"牛顿万有引力定律"（平方反比关系）。该定律要求，在特定的情况下，天体围绕另一天体运动的轨迹必须是椭圆，太阳系中行星的轨道就是这样。此外，牛顿还进一步地勾画了一般的运动学雏形：一组定律横空出世，它们描述了宇宙万物的运动行为 —— 何时、何地、如何运动。

这 9 页纸的内容超越了哈雷最初的期待。他读完后立刻明白了这其中更为深刻的意义：牛顿不仅仅解决了行星动力学中的一个问题，他还勾画出更加宏伟的图景 —— 宇宙万物运动的新科学。

牛顿抓住了面前的机会。他是出了名的沉默寡言的人，甚至到了神秘的地步 —— 最近十多年几乎没发表过任何东西。但这一次，他在哈雷的鼓励下"投降"了，开始著书，明确地向世人讲述自己掌握的知识。在接下来的三年里，牛顿基于量化的物理定律发展了一套描述自然的方法，并将这些思想应用于一系列运动问题。完成书的前两部分后，牛顿将手稿交给哈雷。他知道，这将是一本划时代的书。哈雷当仁不让地肩负起了双重责任：一方面整理牛顿密密麻麻的数学内容准备付印,另一方面不断地激励牛顿继续写作。1687 年,哈雷收到了牛顿寄来的第三部分,也是著作的终卷,他毫不谦虚(但很准确)地将这部分命名为《论宇宙的体系》(英语为 "On the system of the world")。

这部著作的主要内容是对包罗万象的新科学进行阐释论证,书中所有的方程、几何图示、证明细节都用于描述运动。牛顿还由此对整个星空的行为做了详细的、数学上的精确描述:从木星的卫星开始,到整个太阳系,最后回到我们所生活的地球。书中优雅地展示了地球表面复杂的潮汐现象是如何产生的:牛顿通过严格的科学计算得出,海水的潮涨潮落源自月球引力和太阳引力的相互博弈。

牛顿本可以就此打住,这也合情合理。读者已经来到了迄今为止最伟大的故事的自然结尾:上至苍穹,那些围绕木星运动的、肉眼看不见的小星星;下至我们的家园地球,"沿途"景观都能由几个简洁的定律描述。

话虽如此,但在把最后几页手稿交付给哈雷之前,牛顿选择继续耕耘。他和哈雷最初因彗星而结缘:初次见面之前,他俩就都追踪过 1682 年出现的那颗明亮的彗星,即现已广为人知的哈雷彗星。[①] 但在牛顿写作的最后几个月,另一个天体引起了他的注意:1680 年大彗星。这颗彗星最先由德国天文学

---

① 哈雷彗星沿着椭圆轨道运行 —— 不过它的轨道是普通行星轨道的加长版 —— 大约每 66 年绕行太阳一周。哈雷后来利用牛顿引力分析了过去的观测数据,预言这颗彗星会回归地球。牛顿引力是新科学早期的胜利之一。

家、日历出版商戈特弗里德·基尔希（Gottfried Kirch）发现。

从某种意义上来说，基尔希的彗星算得上是科学革命的里程碑。就在 1680 年 11 月 14 日夜晚，基尔希开始了他的常规观测。他正在寻找某些全新的目标，并在星图上描绘它们的位置。这是他长期观测计划中的一部分。那天夜里，一切都按照以往的步骤进行着：基尔希将望远镜指向第一个目标，记录位置，并标注在星图上；然后将望远镜稍稍偏了一下，于是他就有了新发现："一个模糊的斑点，看起来不同寻常。"他被激起了好奇心，对这个目标跟踪了好长一阵才确定，他发现的不是一颗恒星，而是太阳系中的流浪汉 —— 彗星。这是人类首次使用望远镜发现彗星。

对牛顿来说，1680 年大彗星提供了一个独特的机会。利用新的数学定律，他已经分析出行星轨道的形状 —— 但这个过去未知的访客挑起了新的问题：牛顿的万有引力可以用于描述之前没发现过的天体的运动吗？牛顿首先利用几份可信的观测报告，画出基尔希彗星的路径：他用线将每个观测位置连接起来，以获得运动轨迹。结果显示，这是一条特殊的曲线：抛物线。牛顿之前分析过的行星、月球的轨道都是椭圆。抛物线与椭圆在数学上有相似之处，二者的主要区别在于椭圆是封闭曲线，地球、行星、哈雷彗星、美国纳斯卡车赛（NASCAR）[1] 都会在椭圆的轨迹上绕圈；抛物线却不是这样，它是开放的：在遥远

---

[1] 根据记录，纳斯卡车赛的封闭轨道并非完美的椭圆。

的起点处接近于直线，在焦点（对 1680 年大彗星来说，焦点就是太阳）附近拐弯，然后再次向远处延伸。沿着抛物线运动的天体离开之后就再也不会重回故地了。

牛顿尽力使每位读者都能真正地理解，1680 年大彗星沿着抛物线进入太阳系并离开。在长篇巨著的最后，他用了好些篇幅来书写彗星"猎手"的观测细节。他事无巨细的描述，似乎没给任何人留下质疑的余地。最后，没有人还会怀疑这个事实：1680 年大彗星从遥远的地方呼啸而来，绕过太阳之后慢慢远离，消失在观测所及之外，再也不会回来。

接着，牛顿进行了最后的精彩展示。他仅仅从观测记录中抽取了三条，也就是彗星轨道上的三个点，利用力和运动的数学模型，计算出那颗彗星的轨道。计算结果完美地符合所有观测连成的轨迹：一条抛物线。①抛开复杂的技术 —— 圆锥曲线和难懂的微积分 —— 不谈，这一结果不光是牛顿本人的胜利，也是理解物质世界新方法的胜利。

关于 1680 年大彗星的篇章让他的著作达到了巅峰，漂亮地证明了相同的定律可以普遍应用于 —— 苹果落地、弓箭飞行、月亮不变的轨迹 —— 宇宙的一切，万物尽在基本定律的限制之下。抛物线无始无终：一端开始于无限远处，另一端结

---

① 牛顿后来重新考虑过 1680 年大彗星的轨道问题。他想到了抛物线以外的轨道形式，比如被拉长的、运行周期非常长的椭圆。虽然他相信彗星将在 575 年后回归，但一直没能算出可信的轨道。后来的分析表明，这颗彗星可能的周期是万年量级的。

束于同样的无穷远。在物质世界中，彗星围绕太阳的运动形成了这条曲线。1680 年大彗星的抛物线运动轨道不仅发生在我们身边，而且穿越了整个宇宙 —— 从宇宙深处而来，再回到宇宙深处。

牛顿完全清楚自己的成就。他在有关彗星一节的结尾处写道："这一理论与跨越宇宙的不同寻常的轨道相符，与行星运动理论的规律一致，与天文观测完美吻合。这样的理论完全没有可能不成立。"

哈雷完全赞同。三年之前，他向牛顿寻求的仅仅是一个简单的证明；三年之后，他为牛顿交付印刷了这本巨著的最后部分。这部巨著的名字同样毫不谦虚，但是准确 ——《自然哲学的数学原理》(*Philosophiae Naturalis Principia Mathematica*，以下简称《原理》)。自 1684 年开始，哈雷无暇自己的工作，全身心地投入到整理牛顿的大量手稿中，并处理与这位坏脾气的作者相关的事情。但现在，在终点线上，哈雷收获了他自己的胜利。《原理》出版的时候，哈雷运用自己身为编辑的特权，为牛顿的史诗撰写了序言。他用诗意的语言高度评价了这本著作和它的作者："我们此刻获准加入众神的盛宴 / 我们已然运用天上的律法行事；我们用 / 秘密的钥匙开启了幽微的大地；我们洞悉了牢不可破的世界秩序 / …… 和我一起歌唱牛顿，他揭开了这一切 / 他打开了真理的宝盒。"

宝盒中的真理朴素直白，无须诗意。在所有关于神与天空

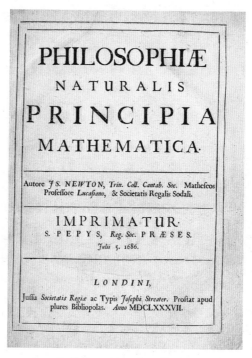

第一版《原理》的封面

的言论中，哈雷无疑是对的。牛顿许诺给读者一个世界体系，而读者实际收获的恰恰是一种研究运动的方法。它的适用范围贯穿整个宇宙，直到时空尽头。正如 18 世纪伟大的法国数学家约瑟夫－路易·拉格朗日（Joseph-Louis Lagrange）所说："牛顿是有史以来最伟大的天才，也是最幸运的一个。因为我们无法再为世界找到别的体系了。"

艾萨克·牛顿爵士于 1727 年去世。亚历山大·蒲柏（Alexander

Pope）献上了那段著名的悼词："自然和自然的规律隐没在黑暗中／上帝说，让牛顿去吧！于是便有了光明。"直到下一个世纪之交来临之前，蒲柏夸张的诗句看起来也不过是英国式的谦逊。

第 2 章

"快乐的思想"

1781 年 3 月，巴斯

　　威廉·赫歇尔（William Herschel）出于工作原因，从汉诺威移居到了巴斯。他是一名音乐家，从 1780 年开始担任巴斯管弦乐团的指挥。如果说音乐是用以养家糊口的工作，那么星空则是他的爱好。就像他之前和之后的很多天文爱好者一样，他欣赏土星的光环，光彩而动人。

　　源于这种热爱，赫歇尔自学了建造望远镜（在他妹妹卡罗琳·赫歇尔的帮助下进行，据说妹妹比哥哥更善于对镜片进行精细加工）。早在 1774 年，赫歇尔的身份便从观星爱好者转变为天文学的行家。在巴斯，赫歇尔沉迷于一项看上去乏味的工作：分析双星。他的目标是区分那些彼此靠得很近的双星，从中判断哪些是真正亲密的"伴侣"，哪些只是毫无联系、恰好落到同一视线方向上的"陌路人"。

　　1781 年 3 月 13 日，星期二。18 世纪的上流社会，晚餐后女士们会离开餐桌，以便男人们吸烟喝酒。赫歇尔则通常在那个时段观星。他转动最大、最新的望远镜 —— 一台 6.2 英寸[①]口径的牛顿式望远镜，也是英格兰最好的望远镜 —— 对准金牛座和双子座之间的一处双星。这对双星中的一个是普通的光点，也就是说，这是一颗恒星。但另一个呢？它看起来模模糊糊的，特别奇怪。最重要的是，放大之后，它的样子也跟着变化。赫歇尔记录下这一夜观测到的异象："两颗星中较低的一

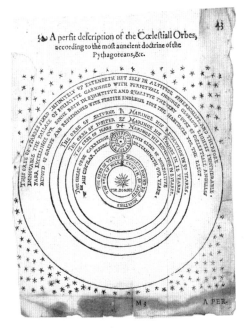

托马斯·迪格斯（Thomas Digges）绘制的哥白尼宇宙图，首次发表于 1576 年。图中描绘了直到 1781 年春天人们已知的所有宇宙要素

---

① 英制单位，1 英寸 = 2.54 厘米。——编注

颗很古怪，可能是星云状的恒星，也可能是彗星。"

接下来的一个月中，赫歇尔反复观测这个目标，最终相信这很可能是颗彗星，会在星空中移动。但赫歇尔发现这颗彗星的行为怪异：随着时间的推移，它没有变大（或者变大得不多，赫歇尔有一阵子竭力让自己相信测量到了它的直径增长），也没有显现出拉长的尾巴。赫歇尔将这一发现报告给皇家学会，于是其他观测者也开始注意这一目标。

5月，两位分别来自法国和俄国的数学家，各自独立地利用日积月累的观测资料算出了它的真实轨道。他们证明了这个"旅行者"不是什么彗星（赫歇尔没能做到这一点）：它有着近乎圆形的轨道，与太阳的距离比天文学家所痴迷的、带着神圣光环的土星还要远。

在巴斯的那个夜晚之前，人类一直以为自己清楚地知道天空中有多少游走的行星：首先是距离太阳最近的水星，然后是金星，再就是我们的地球，接下来是火星、木星和最遥远的土星，一共六颗。即便到了1609年，伽利略利用他那台新设备——一根两端装有透镜的管子——为太阳系的家谱增添了木星的卫星，也没有撼动行星家族的阵容。终于，改变的时刻到了，天王星闯入了行星的行列。天文史学家通常把发现天王星的时间追溯到赫歇尔第一次瞥见它的那天：1781年3月13日。

毫无意外，这一空前的发现让赫歇尔成了那个时代的英雄，国王乔治三世给赫歇尔提供了200英镑的津贴，并加封他为爵士，条件是只要他愿意把自己的观测台搬到温莎城堡。同赫歇尔一样发现天王星的天文学家也纷纷获得了奖励。天王星给人们创造了独特机会：它是能够独立检验牛顿理论的第一个重大发现。换句话说，这个新发现为天文学界提供了一次机会，去看看他们（用于计算）的基本工具能否适用于这个新天体。

在应对这一挑战的前锋中，有一位年轻而优秀的法国数学家：皮埃尔 – 西蒙·拉普拉斯（Pierre-Simon Laplace）。拉普拉斯是个天才，早在 8 年前就已入选为巴黎皇家科学院成员，那时他才 24 岁。自那时起，他在纯粹数学、引力论、概率论等领域均发表过前沿成果。当他得知赫歇尔观测到的现象后，便立即加入大批欧洲思想家的行列：利用牛顿理论分析新天

皮埃尔 – 西蒙·拉普拉斯，由苏菲亚·费塔伍德（Sophie Feytaud）在拉普拉斯逝世后绘制

体。和赫歇尔一样，拉普拉斯也曾以为这个新天体是一颗彗星
（这很正常，因为在望远镜时代伊始，人们观测到了大量彗星，
但从未发现过新的行星）。

起初，拉普拉斯计算合理的彗星轨道的尝试并未成功，但
当天王星被确认为行星后，拉普拉斯重新查看了观测数据，并
于 1783 年初提出了分析天体运动的新方法。这种方法的适用
范围更具普遍性。他将新方法应用于天王星后，便得到了对天
王星轨道的最佳描述。对拉普拉斯来说，这些计算不仅展现了
他的分析能力，更是他之后毕生研究工作的开端：使用更成熟
的数学语言来描述牛顿物理学，完成牛顿奠基的工作——建
立一个能够细致描述世间万物运动的体系。

在此后三十多年的光阴里，拉普拉斯都致力于这项工作。
从 18 世纪 80 年代到 19 世纪初，他建立了关于太阳、行星、
卫星之间相互作用的最全面的描述方法。随着数学语言越来越
成熟，对于天体运动行为的表述也愈加严密。拉普拉斯改变了
牛顿用于证明"宇宙可以被理解"的体系，用史诗般的叙述书
写了宇宙的真实行为。

研究工作并不总能得到完美的结果。18 世纪末，太阳系
动力学研究面临着一些尚未解决的问题，有些问题持续了数十
年都没有得到解决。其中最重要的一个问题是，17 世纪末木
星的运动速度比早些时候的记录加快了，而土星却似乎慢了下
来。最简单的分析（正如牛顿本人在《原理》中表述的）暗

示，这种现象不可能发生。但证据就摆在那里，而记录这些观测结果的正是牛顿的好友，哈雷。

科学革命发生之后，拉普拉斯闪亮登场：他用精湛的数学技巧展示了如何创造新的知识。牛顿的引力理论可以简练地概括为一个公式，它精确地告诉你两个天体如何影响彼此。如果知道几个基本参数，比如两个天体的质量、它们之间的距离，就可以计算出它们之间的引力大小。① 根据引力来计算天体的运动轨迹、彗星轨道，虽然复杂一点，但也不会太费劲。

但这种计算往往是理想的情况，实际情况要复杂得多，对基本定律的最简单应用无法满足现实世界的需求。因此，牛顿科学思想真正面临的考验在于，宇宙中天体运动的真实情况和计算所得的理想情况不一致。如果计算时忽略了现实的复杂性，那么对土星和木星运动的计算结果必然与事实不符。这种矛盾意味着什么？这是个难题，还是个好机会？

拉普拉斯秉持他的信条："在物理学中，"他写道，"观测与计算的一致性清晰、明确地证明了天体之间相互吸引。"这就是牛顿的伟业，"自然哲学有史以来最重要的发现"的成果。虽然这么说有一点奉承的嫌疑，但在拉普拉斯看来，问题的关

---

① 为了计算地月之间的引力，我们只需要这样做：将地球的质量（约为 6×10^{24} 千克）乘以月球的质量（7.35×10^{22} 千克，约为地球质量的 1/80），再乘以牛顿引力常数 $6.673\,84 \times 10^{-11}$ 牛·米²/千克²（牛是力的国际单位牛顿的简称），将乘积除以地月之间距离（约为 384 403 千米）的平方。于是，我们就得到了答案：地月之间的引力为 1.99×10^{20} 牛。

键在于观测和计算必须与牛顿的发现一致。事实上呢？拉普拉斯清楚地知道，当真实情况与理论解释发生冲突的时候，理论可能出错了。但也还有另一种可能性。拉普拉斯解释道，如果测量值不符合理论，下一步就该寻找些新东西，也可能是重新理解数学本身，从而让真实世界与其数学表达保持一致。换言之，不一致意味着未知事物亟待发现，它可能存在于自然中，也可能存在于理解自然的抽象思想中。

1785 年，拉普拉斯开始研究木星和土星。根据牛顿定律，土星和木星应该相互吸引，其结果是它们的引力之舞与观测到的运动一致，即较大的行星加速，而较小的慢下来。他重新进行了计算，并且得到了与前人相同的答案：加速和减速的量级差不多是对的，但仍存在微小的偏差。这说明偏差的来源并不在于牛顿的理论，而是人们忽略了一些问题。

接下来，拉普拉斯进行了全新的尝试：构建数学方法，把木星和土星处理为相关系统的连续变量。每当两颗行星的相对位置发生变化，引力方程便有了一组新的输入条件，输出的结果就是行星运动发生的相应变化。如果这种方法奏效，那么木星一点点额外的加速度这一小"错误"将得到完美的解释，它是描述天体运动的引力数学的自然结果。拉普拉斯将观测到的天体运动转化为数学图像，并以此来模拟天体的行为。真是十分精巧！

但这其中存在一大困难。为了描述三维空间中两颗行星的相对位置并让它们随着时间演化，拉普拉斯建立了格外复杂

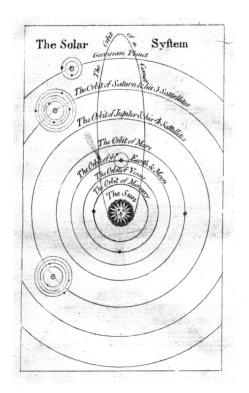

1791 年出版的儿童系列科学丛书《汤姆望远镜》(*Tom Telescope*)中的太阳系图。在这本英式图书中,天王星依然被称为"乔治之星"——这种星际民族主义并没有持续太长时间

的方程组。求解这组方程的过程同样复杂。最后,仅仅凭借一些数学技巧,拉普拉斯花了整整三年才完成这项工作,并于 1788 年宣布破解了土星、木星的运动谜题。他说,木星加速和土星减速是二者之间的引力发生微小变化造成的,而引力变化源于它们的轨道发生偏移。这些变化会以 929 年为周期重复

发生。根据历史上对这两颗行星的轨道的观测记录（可以一直追溯到公元前 228 年），人们发现当时精度最高的观测和理论计算符合得非常好。拉普拉斯也由此证明了土星、木星的运动遵循牛顿的理论。

这项杰出的工作展示了数学技巧所能达到的顶峰。拉普拉斯的工作不仅确认了牛顿理论是"无可争辩的真理"，还充分体现了科学革命自身的革命性。拉普拉斯发展的数学工具扩展了牛顿基本定律的适用范围，使得对物理行为的描述更加精确。最重要的是，它还带来了新的信息和更多的细节。土星与木星那缓慢的千年之舞便是例证。

因此，在拉普拉斯和他的同时代人看来，牛顿理论的深刻力量便是新发现的引擎，它的驱动力来源于严谨的数学推理。探索没有终点，比如太阳系新成员天王星的加入，就表明科学技术的每次进展都会让我们发现几块"新大陆"。但随着牛顿的追随者们在重塑自然哲学的道路上越走越远，他们也越来越清楚，利用数学也可以探索世界：思想跃出书本，指引探索者寻找新发现。

这种转变同样体现在拉普拉斯接下来的工作中。他的里程碑式的著作《天体力学》（*Celestial Mechanics*）皇皇五卷，整整 1 500 页，满满的都是分析和计算。这部巨著想要证明，牛顿的万有引力能够"运用严格的计算，使天空中的一切现象都得到完整的解释，人们对于天体运动的描述将变得完美"。

完成了大量的计算工作后，拉普拉斯自认为已经实现目标：太阳系的动力学 —— 也暗示着整个宇宙的动力学 —— 都在牛顿首先提出的引力定律掌控之下。他现在得出了结论：太阳系是一个稳定的整体（他所发现的土星和木星轨道变化的周期为 900 年正符合这一点）。无论从哪个时间尺度进行检验，太阳系的运动都遵循系统内部引力的"指挥"。这样的稳定性支持了拉普拉斯的第三个结论：太阳系，乃至整个宇宙的运动都从一开始就已确定，这也就是所谓的"决定论"。人们见到、测量或者观察到的万事万物，都是一些特定过程或原因导致的结果，而且是唯一的结果。

这个结论包括一条明显的暗示，而且这个暗示在拉普拉斯所处的时代显得非常独特。传说在 1802 年的短暂和平期间，拿破仑曾与一些聪明的学者有过接触，其中包括威廉·赫歇尔爵士，杰出的物理学家伦福德伯爵（Count Rumford，原名 Benjamin Thompson），拿破仑的内政部长、化学家让 - 安托万·夏普塔尔（Jean-Antoine Chaptal），以及拉普拉斯。礼貌地与赫歇尔寒暄之后，拿破仑转向了当时刚刚出版了《天体力学》第三卷的拉普拉斯。拿破仑喜欢刁难自己的客人，于是他告诉拉普拉斯，自己读过牛顿的著作，并且看到牛顿在书中多次提及上帝。但是"我也钻研了您的书，却没有找到上帝的名字，这是为什么呢？"拿破仑问道。

这个故事的经典结局是，拉普拉斯回答道："上帝？我不需要这个假设。"

听上去完美得令人不可置信！不过在对话发生的时代，辩论如同决斗，拉普拉斯当场如此机警地还击也并非不可能。但即便被修饰过，两人之间的对话也大抵如此。赫歇尔在他的日记中这样记录：拿破仑问"谁创造了这一切"？拉普拉斯表示"希望能证明是自然的因果律建造并维持了整个系统"。

后人对于拉普拉斯话中的真意争论不休。他真的否认上帝的存在吗？或者他只是温和地表达众神与现实生活无关？我们可能低估了神的意义，它甚至可能被视作整个因果链条的第一环，即宇宙最初的起源。但在这之后，拉普拉斯的理论中就不再需要神来解释宇宙的演化了。牛顿早就意识到自然哲学的数学原理有此倾向，但他否认这种可能性。相反，牛顿在他对自然的研究中看见了上帝造物的可能性，自然规律向牛顿展示了上帝之手。牛顿在天体力学中没能解决的不确定性更是加强了这一思想：我们仍然需要全能的神来保持整个系统按部就班地运转。

当拉普拉斯终于完成对太阳系运动方程的求解后，他对牛顿系统的改进使得太阳系能自主地运转。几个世纪以来的分析表明，行星不需要外力的帮助就可以在正确的轨道上运行。"自然的因果链"可以解释土星轨道的摇摆，木星卫星的运动，所有行星轨道长期稳定的存在，以及太阳系的起源。在拉普拉斯的理论中，上帝的确没有存在的必要了。"神力"成为一种数学假设，甚至是多余的。就像历史学家罗杰·哈恩（Roger Hahn）所说："在他的文字中，无论是公开还是私下，拉普拉斯都没有否认过上帝的存在,他只是忽略了上帝。"

这是对拉普拉斯态度的公正解读,却并不完整。究其本质,拉普拉斯终生的工作是思考因果的问题。有没有可能利用牛顿科学来产生完美的知识,理解整个大千世界的因果链?拉普拉斯这样说道:

> 我们可以把宇宙现在的状态视作它过去状态的结果,以及未来状态的原因。在某一时刻了解掌控自然的所有力的作用,以及世间万物所有位置的智慧头脑,如果能对这些信息进行分析,他就将得到一个能够描述一切的运动方程,上至宇宙、下至原子。对这个智慧的头脑来说,没有什么是不确定的,未来如同过去,一切历历在目。

这个"智慧的头脑"有时候被称作"拉普拉斯妖"(Laplace's demon)。如果这个妖的威力达到了拉普拉斯想象的极限,那它必定庞大无比。1814 年,也就是拿破仑退位的那一年,拉普拉斯写下这样的描述:战场上的每个人都是运动中的物体。智慧的头脑能够追踪因果链上每一颗子弹的落点、每一名士兵的命运,当然也能("在单个公式中")捕捉到整个帝国崩溃的原因。

拉普拉斯十分确定,《天体力学》在人们眼中是本"魔书",它提供了一套工具,能让读者发现太阳系的未来。这样的科学不只是描述性的。牛顿革命的直接继承者把一丝不苟地观测和自然的数学化结合起来，得到了对观测现象的数学描述，并且预测出尚未观测到的现象。这让人们越来越接近"上帝的真理"。

拉普拉斯死于 1827 年，享年 78 岁。他的天体力学分析方法已经有所改进。就像他发展了牛顿的理论，使得对太阳系的描述更为详尽，新方法的出现也使后人构建出更加精确的行星运动模型。薪火相传中，有一个人的名字彪炳史册，他就是于尔班 – 让 – 约瑟夫·勒威耶（Urbain-Jean-Joseph Le Verrier）。勒威耶实现了前人对宇宙秩序的憧憬，他的发现向世人完美地展现了牛顿科学不可思议的力量。

第 3 章

"这颗星没在星图上"

从 19 世纪 30 年代起,奥赛码头 63 号就屹立在塞纳河畔了。这是一座外表具有吸引力的建筑,导游手册称其为"漂亮的房子"。但是,光鲜的外表掩盖了其"平民化"的事实。游客——只能通过事先预约,一次不超过 2 人,而且只能预约周四——可以被领着进入庭院,走进"房间"参观。在那里,工人(大部分是女工)拾起成捆的烟草,使其经过一道道必要工序,最终生产出满足人们嗜好的产品:手工卷烟,咀嚼一缕便可以获得"如勒阿弗尔海风般的慰藉"的嚼烟,以及绅士用的鼻烟。大多数这种地方都有由工人操作的机器——粉碎机、振荡机、鼻烟研磨器、滚筒、筛子、切割机等等。19 世纪下半叶,奥赛码头每年的烟草产量超过 5 600 吨。根据随处可见的旅行指南,那里"值得一去"——虽然满足好奇心得付出代价:"刺鼻的烟草味渗进衣服,难以去除"。

　　早期工业圣地的壮观场面，肯定值得导游手册写上一笔。不过任凭想象力如何驰骋，在卷烟厂里寻找当时最杰出的数学天文学家，都是不可思议的事——但人们在成就自己之前，多少都会走一点"弯路"。1833 年，一位刚毕业于著名的巴黎综合理工大学的年轻人，每个工作日都会出现在奥赛码头，到这所法国"烟草高等学院"的研究部门报到。

　　没有人怀疑于尔班－让－约瑟夫·勒威耶的潜力：上中学的时候，他就是明星学生；在全国数学竞赛中拿过二等奖；在综合理工大学时，他的成绩是班级第八名。但这些早期经历和他后来的职业大相径庭。勒威耶在大学里学习烟草工程，毕业后几乎直接去了奥赛码头，致力于解决法国的烟草问题。

　　没有人清楚，勒威耶到底是享受作为一名烟草工程师的生活，还是仅仅忍耐着。他后来的职业生涯也完全无法体现他是个与生俱来的化学家。但一直以来，他都是只要有任务便认真对待。虽然先前接受的是抽象的数学训练，但只要有需要，勒威耶也能非常务实，还开始研究起磷的燃烧来。那是有用的研究工作——烟草大亨们很关心火柴。但是，不管他是否从自己的工作中体会到乐趣，只要有机会，他就想要尽早离开。1836 年，巴黎综合理工大学有一个职位出现空缺——化学教授的助手。勒威耶申请了。作为一个履历完美的奇才，他申请上的希望很大。然而，这个职位最终录用了别人。

　　勒威耶将被证明是个斤斤计较的人，但他从不接受以支票来衡量自己的真正价值。第二次机会出现了，这次是天文学教授的助手。勒威耶再一次申请了。尽管已在烟草行业耗费了7年，勒威耶仍然很自信，认为轻松地就能把自己的数学能力提高到法国定量科学最高水平所要求的标准。他在给父亲的信中写道："我不仅是接受助手的职位，还要找机会扩展自己的知识……我已经成长了很多，为什么不能再进一步呢？"就这样，勒威耶获得了这个职位。接下来，他整日忙碌于一个伟大的工程，法国天文学巨人拉普拉斯的科学遗产。

1827年，拉普拉斯与世长辞。当时，他确信自己已经解决了重大问题的核心部分。事实也的确如此。他证明了太阳系是可以被理解的，它的运动规律可以由牛顿万有引力来描述，并由数学模型表达出来——这就是行星"理论"。如果运用得当，那些模型可以明白、准确、永久地描述物理系统的运动，并且预测未来的情况。这一基本图景看起来已经完整了，如果说还有什么工作要做，那便是探索新的方法，进行更多的观测，发现太阳系中更多的天体（就像新近被发现的小行星和彗星那样）。

当然，天体力学的大厦中存在的异常情况比拉普拉斯提到的更多，行星运动理论的可靠性比拉普拉斯所确信的要薄弱。就拿水星来说，尚未解决的问题让人们还无法精确地预言水星的运动方式。尽管存在着问题（或是可能性），但还没有哪位研究者的工作可以取代拉普拉斯的整个体系。法国等地的几位天文学家各自研究着行星动力学的问题，但没有人能对系统做整体的处理，自上而下地从任一行星的理论推广到整个太阳系。

那么勒威耶呢？他的一个同事后来说："拉普拉斯的科学遗产无人继承，他（勒威耶）便大胆地占为己有。"在综合理工大学的头两年，勒威耶调查了整个太阳系动力学领域。他开始怀疑看似微小的引力扰动所产生的效果可能比他的前辈（拉普拉斯）所认为的更大——随着时间的积累，这些效果可能大到足够引起注意。他把握住这个机会，将重新计算数学精度更高的行星运动作为自己第一个大课题的主要目标。他的研究对象是四颗最靠近太阳的行星——水星、金星、地球和火星。这项工作花费了两年时间，对他这个从零起步的数学天文学家来说，这是个重要的进展。

1839 年，勒威耶把他的结果提交给法国科学院。他已经得出了重磅结论：如果比之前的计算再多考虑一项，就将无法确定这几颗行星的轨道是否可以长期稳定地存在。无论他还是别人，都找不到一个完全确定水星、金星、火星和地球是否可以永远保持在各自的轨道上的解决办法。

这个结果的关键在于，勒威耶此举将自己摆在了与已有经典天体力学的相对位置上。拉普拉斯通过研究木星和土星已经得出结论，太阳系稳定性是被证明了的；而这个年轻人，才花费了两年的时间，就提出了相反的结论。

这是一个不错的开始——足以引起了大家的重视，证明这个人的实际能力远不止当一个助手。同时，勒威耶知道，这项工作非常初级，仅仅是在重复过去的计算。但天体力学已经吸引住了他，成为他一生的工作——他为自己确定的下一个大任务，是前人还未曾解决的问题：水星。

如果行星们是一个家庭，水星就是离经叛道的小兄弟。它要各种花招，让人类任何尝试搞定它的努力都宣告失败。但情况将很快有所转变，勒威耶已经瞄准了这个遗留多年的问题。在过去十年里，设备和技术上的进步使人们对水星的观测达到前所未有的精度。勒威耶充满了信心，他向科学院报告称："近些年来，从 1836 年到 1842 年"，巴黎天文台"已完成了两百次可用的水星观测"。利用这些观测和其他数据记录，他能够建立一个更好的图景，用来描述在两个天体运动过程中，金星如何影响水星的轨道。这项工作反过来可用于估算水星的质量。勒威耶得到的水星质量结果仅偏离现代值几个百分点。

这是令人满意的成果——填补了太阳系一角中更多难以捉摸的细节。但是，勒威耶真正想要的是对水星的完整描述，用一系列方程来刻画影响水星轨道的各种引力拖拽。倘若完成，这套方法就将可以用于确定行星在过去和未来任一时刻的位置。观测数据限制了模型：方程的任何解都必须能够得出观测者已知的行星轨道，而更多的数据意味着更多的限制，因此能更精确地预测行星位置。那些预测结果，也就是星表，是检验所有行星理论的标准。

勒威耶水星理论的第一个版本在 1845 年迎来最终考验，届时将发生新的水星凌日，最佳观测点位于美国。凌日是检

测行星理论最理想的机会。19 世纪中期，人们已经能够精准
地记录水星视圆面穿越太阳边缘的时刻了。1845 年 5 月 8 日，
美国俄亥俄州辛辛那提的天文学家们已经就位，他们等候着勒
威耶预言凌日发生的那一刻。位于望远镜目镜处的天文学家瞄
准了太阳，看见"明亮的圆盘上出现了行星的黑色身躯"。他
叫道："现在！"，然后查看了计时器。与勒威耶的预测不完全
一致，水星大约迟到了 16 秒。

　　这是令人印象深刻的结果 —— 比自哈雷以来任何已发表
的水星星表结果都要好。但是还不够好。16 秒的误差，看起
来不大，却仍然意味着勒威耶有什么重要的问题没有意识到。
就是这些被忽略的问题，让真实的水星与理论中的水星丧失了
一致的步调。勒威耶原本计划在凌日发生之后就发表这份计
算，但现在他撤回了草稿，暂时搁置了这个问题。水星，必须
得再等一等。因为勒威耶几乎立即就发现，自己将要解决"世
界体系"中最大的困境。

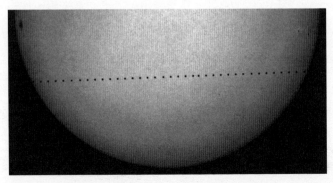

2006 年水星凌日时，水星穿过太阳表面

天王星是个捣蛋鬼，而且在过去几十年中一直如此。在赫歇尔偶然发现这颗"新"行星之后，天文学家很快意识到之前早有其他人已看到过它，只不过把它当作了一颗恒星。约翰·弗拉姆斯蒂德（John Flamsteed）是英国首位皇家天文学家，他与牛顿时而合作，时而对抗。他在 1690 年就把这颗星画在星图上了，并标记为金牛座 34。许多其他观测者也同样错失了这个大发现。直到 1821 年，一位在天文台工作的拉普拉斯的学生，亚历克西斯·布瓦尔（Alexis Bouvard），结合历史上的观测记录和自赫歇尔的新发现以来进行的系统搜索，为天王星建立了一个新的星表。布瓦尔希望能够确认，天王星与其他同辈的行星一样，也遵守牛顿定律。

但他失败了。根据自赫歇尔的发现之夜以来观测者记录的位置，他试图通过计算来建立天王星的理论。但他发现，与后期观测相符的计算结果无法解释天王星 1781 年之前的位置，即天王星被错误地当作恒星时的位置。更糟糕的是，如果只是着眼于比较近期的观测，也就是赫歇尔发现天王星之后的记录，可以清楚地发现一个现象：天王星又一次走上了一条不正常的轨迹 —— 现实和计算没能统一。

从理论上看，天王星不尽如人意的行为可能指向了非常深刻的问题：如果所有施加于天王星之上的引力影响都已经考虑到了，那么对天王星位置预测的失败，意味着需要重新检验数据分析背后的理论。换句话说，这将威胁到牛顿定律自身的基础。一位德国天文学研究者，弗里德里希·威廉·贝塞尔

（Friedrich Wilhelm Bessel）明确提出，发生这样奇怪的现象，可能是因为牛顿引力常数会随着距离的变化而变化。

虽然可以理解，但这样的想法太惊悚了。人们无比虔诚地敬重牛顿；当然，更重要的是，人们相信牛顿物理学是可靠的。潮汐遵循着牛顿定律，彗星在牛顿定律的指引下规规矩矩地运动，炮弹沿着《原理》的精妙逻辑所解释和描述的轨道完美飞行。更妙的是，迄今为止，任何看起来异常的行为，都可以在牛顿理论框架内得到解释。

据说，亚历克西斯·布瓦尔是第一个找到解决天王星问题方法的人。1845 年，他的侄子尤金·布瓦尔（Eugene Bouvard）向科学院报告了自己用数学方法重建天王星观测轨迹的不成功尝试。跟随叔叔的步伐，尤金·布瓦尔尝试用过去的记录解释后期（赫歇尔之后）的观测结果。他承认自己失败了。但他始终对别人说，他叔叔早在二十年前就已经找到了一条出路，而且与过去拉普拉斯解决木星和土星问题的那种方法不同。拉普拉斯试图通过改进数学方法来描述外面的世界，老布瓦尔的推论与之不同。老布瓦尔认为，如果太阳系中所有已知的运动形式都不能解释最后残存的误差——并且重要的是，如果你仍然对牛顿充满信仰——那么仅存的可能性就是，还有一些未知的东西等待我们发现。布瓦尔提醒他的读者，想象一下，如果天王星还未被发现，那么我们应该能注意到，土星还受到某个遥远的、看不见的天体的影响。按照这样的逻辑，他写道，看起来"我叔叔的想法（对我来说）完全合理：有另一颗行星在扰动着天王星"。

布瓦尔叔侄二人不是唯一有这样想法的人。19 世纪 30 年代初，几位研究者开始思考比天王星（距离太阳）更遥远的天体存在的可能性。老布瓦尔通过通信和接待访客分享了自己的思想。其中一位访客带着他的想法，穿过英吉利海峡到达英国。但是一个明显的问题限制了这个想法的用武之地：天王星运动得太慢了。它的公转周期为 88 个地球年，这意味着自赫歇尔以来，对它的系统观测只跟踪了它轨道的一半而已。英国皇家天文学家乔治·艾里（George Airy）承认在天王星之外存在着一个行星的想法有其合理之处，但他打压了求证的希望，他写道："要确定离奇现象的本质，还需要观察接下来的几个运动周期才行。"也就是说，只有在这一代关心天王星的人都作古之后，才能收集到足够多的观测数据。

勒威耶不同意这一点。更准确地说，是勒威耶曾经的导师、巴黎天文台台长弗朗索瓦·阿拉戈 (Francois Arago) 不同意这一点。阿拉戈认为，天王星已经让天文学家难堪足够久了。1845 年夏末，阿拉戈把勒威耶从处理彗星的琐碎中拉出来 —— 如勒威耶回忆的那样 —— 告诉他天王星理论中日渐增长的误差"让每一个天文学家都有责任尽最大努力做出贡献"。勒威耶一开始就在老布瓦尔的计算中找到几处错误，但排除这些错误后并没有消除天王星轨道的摇摆。因此，勒威耶重新计算了天王星的星表，尽可能精确地得到那些异常的数值。带着与生俱来的天赋，勒威耶此刻成了一名侦探，搜寻着还未被指认的作恶之徒——正是它让天王星陷入迷途。

和优秀的侦探一样，勒威耶奋勇前行，检查每一种可能性，然后逐一排除。天文史学家莫顿·格罗瑟（Morton Grosser）记录下了勒威耶找到的"嫌疑者"：在天王星的空间之外，有东西影响了它的运动。是巨大的卫星围绕着天王星，拖拽着它偏离理论轨道？还是一些不速之客，比如一颗彗星，把它撞离了原先的位置？勒威耶甚至开始担忧修改牛顿万有引力定律的可能性。最后，还有一种可能性：是否存在尚未被发现的天体，比如另一颗行星，由于这个天体的引力影响使观测到的天王星轨迹偏离了理论上预测的轨道？

勒威耶很快抛弃了前面三种候选答案。和任何一位专业天文学家一样，他认为修正或者拒绝牛顿引力理论是最后的无奈之举。这意味着，在天王星的问题上钻研了几个月之后，勒威耶又回到了他主要的怀疑对象上：一颗尚未被发现的天王星外的行星。

基于此，他的任务立即明确了：一旦所有已知的引力来源产生的影响都已经被考虑过了，那么让天王星产生异常运动的天体性质——质量、距离、轨道细节——都应该可以计算。这样一来，问题就变成了一个简单的天体力学问题，建立并求解描述这颗假想行星运动的一组方程。即便如此，由于缺乏能证实这颗假想行星存在的条件，任务格外艰巨。

勒威耶首先设了 13 个未知量来做计算处理——但是这样

变量就过多，即使颇具天赋的勒威耶也不能及时地解决。因此，他简化了假设。他考虑，这颗未知行星的轨道参数中，肯定有一些具有一定的适用范围。正如他后来写到的，这颗行星一定不能靠天王星太近，这会导致引力的效果太过明显；它也不能离天王星太远，因为这意味着它的质量必须大到对土星也产生影响，而这样的影响并没有被探测到。勒威耶还猜测，它的轨道与其他行星轨道所在平面的夹角不会太大。他还做了一些其他的假设，最后，方程里只剩下 9 个未知量 —— 虽然求解还是非常困难，但已经不再是全无希望。

这个模型可以预测未知行星的质量和位置，但求解它异常烦琐。聪明的勒威耶找到办法，他把难以驾驭的非线性方程组转变为更多的线性方程。[①] 这让计算变得简单，但求解时需要投入的工作量却比原来多得多。

即使如此，勒威耶还是取得了进展。1846 年 5 月底，他向科学院报告，天王星的轨道可以被精确地描述了。只要假设"存在一颗新行星" —— 并且有可能证明，"问题只存在唯一的解……在给定的时间里，天空中只有一个区域可以放置这颗新的行星" —— 他用夸张的说法描述自己已经接近答案了。接近，但还没有完全解决：在这份报告中，他尽最大努力得出，天王星外行星应该位于一个跨越天空 10 度的区域里。

---

① 在线性方程中，一个变量的变化直接产生结果中成比例的变化 —— 图形为一条直线。非线性方程的图形为曲线。求解非线性方程组要比线性方程组复杂得多 —— 通常都极度困难。

　　这个宽泛的指示范围带有很大的不确定性，任何对此感兴趣的人都无法从中得到任何帮助。因此，勒威耶重新回到折磨人的数学计算中，并于 1846 年 8 月 31 日发布了更新的结果：如果有人有时间可以操作一台性能优良的望远镜，他们应该能在天王星的轨道之外找到一颗行星，它距离太阳 36 个天文单位 ①，位于摩羯座一颗挺亮的恒星（摩羯座 δ 星）东侧约 5 度的地方。勒威耶声称，它的质量大约是地球的 36 倍。如果从望远镜里观测，它不是一个点（像恒星那样），而是清晰可见的圆面，直径为 3.3 角秒。

　　法国的天文学精英们被告知，有一颗新行星正在等待发现。接下来呢？

　　无动于衷。

　　对天王星黯淡伴侣的追寻，人们错失了很多良机，而且事后看来似乎都很蹊跷，但这次最匪夷所思。勒威耶在巴黎天文台台长的要求（几乎是命令）下研究天王星时，正值一个民族主义竞争时期，从对帝国的追求到对知识的追求，几乎所有能想象到的关键方面都存在竞争。他被同行们视为法国最杰出的天体力学家，终生致力于科学发现。但就算勒威耶告诉同事们，那将成为他们职业生涯的辉煌时刻，也没有一位法国同事愿意将望远镜指向那片夜空。巴黎天文台的主望远镜的确只是一台平庸的设备，那里的天文学家手上也没有最新版的星图，

――――――――――
①　天文单位（历史上）的数值粗略地被定义为地球到太阳的平均距离，现代的天文单位数值被严格地定义为 149 597 870 700 米。

这导致他们无法辨别所见到的星星是否是已知的遥远恒星。但居然没有一位先前为勒威耶的结论感到震惊的天文学家想要尝试，也着实是奇怪的事。他们需要付出的仅仅是在天文台的圆顶里守一两个晚上，而潜在的收获将是一个新世界。但就是没有人这么干。

最终，勒威耶对同胞失去了耐心。他在 9 月 18 日写信给一位年轻的德国天文学家，约翰·戈特弗里德·伽勒（Johann Gottfried Galle）。伽勒之前想要引起资深人士的注意，但没能如愿，不过现在勒威耶需要他。尽管现在赞扬伽勒的研究工作有些迟了，但勒威耶的请求格外具有诱惑力，他写道："现在，我要找一位观测者，他要愿意付出一些时间来持续观测一部分天空，看那里是否有一颗等待被发现的行星。"伽勒五天之后收到了信，他顾不上纠结勒威耶为何一开始没有重视自己，当晚就开始观测了。

1846 年 9 月 23 日，柏林

夜晚安静而黑暗。作为普鲁士的首都，柏林从 1825 年开始就用上了煤气灯，但此时仍然算不上普及，而且大部分煤气灯要在午夜熄灭。午夜过后的柏林属于那些珍爱夜空的人——他们当中，就有位于哈莱门附近皇家天文台的观测者。

这个星期六，伽勒和义务助理海因里希·路德维希·达赫斯特（Heinrich Ludwig d'Arrest）使用主望远镜。伽勒站在目镜处，将望远镜指向摩羯座。每当有星星进入视野，伽勒就报

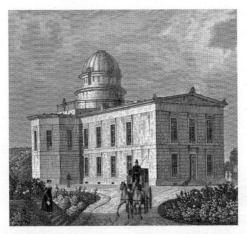

位于柏林的"新"皇家天文台，该图绘于 1835 年之后的某个时期

出它们的亮度和位置，达赫斯特则盯着星图，标记着天体。这些天体都早已为人们所熟悉。他们这样持续地工作着，直到午夜和 1 点钟之间的某个时刻，伽勒又报出一串数字。这是一个微弱的光斑，肉眼不可见。它的赤经是 21 时 53 分 25.84 秒。

达赫斯特扫了一眼星图，然后喊道："这颗星没在星图上！"

助手跑去找来天文台台长，台长在那天早些时候很不情愿地允许伽勒尝试这项在他看来根本就是徒劳的工作。三个人一起观测了这个新天体，直至它于凌晨 2 时 30 分落下去。即便用最强大的望远镜观测，真正的恒星看起来也仅仅是一个点。而这个目标不是这样，它毫无疑问地显示出盘面，圆面直径 3.2 角秒——就和勒威耶告诉他们的一样。这个可见圆面只意味着一件事：伽勒成了世界上第一个观测到这颗之前未被发现的行星的人。这颗将被命名为海王星的新行星，就出现在勒威耶让他观测的地方。

人们几乎立即意识到，海王星的发现是牛顿学说的又一次胜利，而伽勒的观测让这胜利达到巅峰。毫不意外的是，海王星的发现权出现了争议。英国天文学家约翰·库奇·亚当斯（John Couch Adams）有和勒威耶一样的想法，也做出了特别出色的计算，并几乎与勒威耶同时做出了相当近似的预测。但是，他没能说服任何剑桥或格林尼治皇家天文台的天文学家帮他搜寻目标。然而，对优先发现权的国家之争不可避免，英国的科学家们认为亚当斯和勒威耶是海王星的共同发现者。这个观点在英语国家所产生的影响至少持续了一个多世纪。但现在历史分析认为，这份骄傲属于法国人。宣布一个新发现，必须既要有对目标的预言，又要有根据这个预言进行的观测——以此为标准，勒威耶大获全胜。

事实上，对发现优先权的争夺如此重要，以至于英国天文机构到今天还在讲述着自己版本的故事。海王星的发现——依据基本定律的数学解释，在开始搜索几个小时内就如此精准地被发现——立刻被视作一次个人天才的光辉展示，以及一次认识世界的伟大胜利。实际上，勒威耶（和亚当斯）做了一些随意的猜测来简化部分问题，其中最重要的问题是这颗行星的距离应该有多远。这些猜测与实际情况偏差很大，看起来会使他们理论计算的准确度大打折扣。但勒威耶具有非凡的推理能力，这使得他在预测海王星位置的时候削弱了距离的重要性。① 发现新行星不是靠运气（或者不完全是），而是依赖天赋非凡的牛顿理论派科学家的计算技能，这可以容许假设中存在大量谬误。无论怎样，不管对公众还是职业天文学家来说，这些疏忽在光彩照人的事实中都消失得无影无踪。勒威耶说："看，就在那儿，你会看见的。"有人去搜索了，然后每个人都看见了。

这个过程使海王星的发现从偶得的奇观（就像赫歇尔偶然发现天王星那样）转变为整个科学界的欢庆。勒威耶起初面对的是一个令人不安的事实，他让它经过牛顿系统理论的洗礼并冒险做出了预测。最终，他的预测被证明是正确的。如果有什么能够表明科学是如何进步的，这就是一个例子。

对勒威耶来说，海王星如同黄金入场券，引领他通往这一领域的顶峰。这张入场券几乎立即让勒威耶成为世界上最著名的物理学家，并以惊人的速度将他推上了巴黎的职业晋升大道。不仅如此，他所取得的这场浪漫的胜利，还有着更加意味深长的意义：新发现验证了他的信仰，他（和所有人）都相信，纯粹依靠智慧就足以构建自然界的秩序。

---

① 勒威耶利用天王星的轨道推测，天王星和它的未知伙伴在 1846 年时挨得很近。这意味着距离的偏差对海王星位置的影响远小于两颗行星相距较远的时候。

"太不可思议了"

海王星在手，一个大问题解决了。没有哪位天文学家或物理学家还会对引力理论抱有一丝怀疑。就像牛顿说过的，那是普适的力，遍布宇宙，只依赖于系统中物体的质量和两个物体之间距离的平方的倒数（在最简单的情况下）。在一个半世纪的应用中，引力理论遭到更加复杂情况的挑战，但结果从未有过例外。不过伴随着海王星的到来，人们开始憧憬发现更多的天体，观测者和理论家们分别打磨着他们的望远镜和思想。

毋庸置疑的成功在另一个问题上也维护了牛顿。他从来没有公开说过他知道引力是什么。为什么一团物质会吸引另一团？他拒绝做出任何具体的解释。对他来说，这样的考虑毫无必要。牛顿在《原理》第三版中为了回应批评意见而增加了一句俏皮话："我不捏造假设"——完整的句子是，"我还不能从现象中得到这些引力性质产生的原因，我也不愿意捏造假设。"

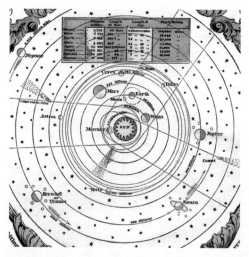

19世纪的太阳系图，强调牛顿及其后继者所描述的宇宙秩序之严谨

你可以这样理解这句话，这是科学史上最伟大的固执之一。

这在当时是颇具争议的嘲弄——牛顿的话里带着煽动性、真实、冷淡而又威严的语气。历史学家和哲学家们现在还在争论着牛顿这句话的精确含义。但至少可以清楚知道的是，牛顿画下了一条鸿沟。他认为自然哲学家应做的到此为止，但他的反对者们相信：自然需要得到解释。

这么说是有其时代背景的。在牛顿之前，自然哲学的共同目标之一是找到事物隐含的原因，对任何现象都要回答两个问题："为什么"和"怎么样"。自古人们就在这一要求下做了很多解释。比如亚里士多德对行星运动机制的解释：行星位于转动的天球上，天球在"始作俑者"——原动力——的驱使下永恒地运动着。这种思想在中世纪被改进，上帝取代了亚里士多德的"始作俑者"，但仍然存在着运动和原动力之间有直接联系的概念。例如，人们在 14 世纪手稿《爱情精选》（*Breviari d'Amor*）中发现一幅华丽的插图，图中两位天使穿着优雅的绿色长袍，坐在布满恒星的天球外面，转动着深蓝色的手柄。用艺术家迈克尔·本森（Michael Benson）的话来说，那些上帝的使者成了"卷动时间发条的永恒不变的超自然生物"形象。

在牛顿的时代，上帝的工程师们已经让位给了更加纯粹的无生命驱动装置。但提供这样效果的原因仍然是一个谜。因

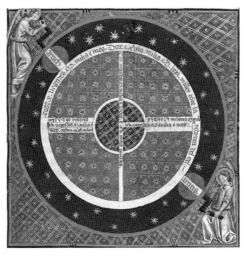

14 世纪的马弗尔·埃芒戈德（Matfre Ermengau）在其手稿《爱情精选》中描述的宇宙秩序。月亮以上的一切都纯净而完美，天堂里的机械装置驱动着月下世界永不停息地旋转

此，当勒内·笛卡尔（René Descartes）试图建立现代宇宙学时，他提出，空间中一定充满了某种神秘的流体，流体的漩涡驱动天体运动，对行星施加了必要的推动力。笛卡尔的解释似乎解决了最本质的问题，即人类想象中推动宇宙运动的机器。

不幸的是，这样的机械论观点站不住脚。牛顿在《原理》中证明了漩涡理论是错误的，而且是不必要的。说它错误，是因为作为数学家的笛卡尔发展了漩涡理论，但却不能用它来准确预测行星位置。一旦你接受这组公理——引力服从平方反比定律，它无处不在，施加于物体之上的力使物体依照三条简单的定律①运动——便不再需要其他任何东西。你可以准确地描述地球上水果落地，或是精确地计算卫星、彗星和行星在夜空中运动的轨迹。引力摸不着、看不见，非常抽象，牛顿称之为力，却无法定义这力是什么，也没有说过力是怎样把它的作用施加到接触对象上。没有杠杆，没有齿轮和滑轮，空无一物。反而，相距遥远的物体，依然可以相互吸引，从一团物质到另一团物质，没有实体连接却瞬间发生相互作用。

这就是批评牛顿的人们感到不满的地方，他们作为自然哲学家和数学家，决不妥协。对他们来说，牛顿背弃了笛卡尔物理学采用的直接"局部"的解释（同样，还有亚里士多德对于物体的理论）——这种解释坚持相信物体只有直接接触，才

---

① 这些定律在物理学家理查德·费曼看来是很简单的，他在描述解决《原理》中的一个问题时说道："（但）'基本'不代表容易理解。'基本'意味着事先只需要做很少的功课就能够理解，除非其中包含了无限的智慧。"

会真的彼此发生作用。一旦牛顿拒绝解释自然如何运作，他（看上去）就损害了物理学解释的本质。戈特弗里德·莱布尼茨（Gottfried Leibniz）在智慧上与牛顿不相上下，他曾公开抱怨，如果牛顿不能对现象做出解释，那么他的学说无异于亵渎神灵："没有任何机制……引力是无缘无故和不可思议的东西，它如此莫名其妙，只有天使和上帝才能承担解释它的责任。"和很多同时代的人一样，莱布尼茨也认为"引力就是自然的运作方式"是不可接受的屈服行为。在他们看来，牛顿的观点是怪异的，他不愿意接受似乎已显而易见的事实。如果行星在轨道上围绕太阳运动意味着两个天体之间有某种牵引，那么自然哲学家的工作就是找出究竟是什么"真正"地连接了两个天体。

但是，如果这种连接的必要性只是个幻觉呢？比起简单地拒绝古板的教条，牛顿拒绝论述自己不知道的东西则更为微妙。然而，隐藏在牛顿谦逊表面下更深层的原因，源于数学和物理学之间存在着鸿沟。牛顿理论以数学形式存在，表现为方程组。引力只是一个简单的量，单位与力的单位相同。它可以通过别的量——力所作用物体的质量和它的加速度——计算得出。这里不需要借助于具体的物理连接。对这样一组关系的检验，对天体运动预言的检验，方法就是去观测，去测量，再将数学计算结果与实际看到的相比较。

牛顿的数学通过这样的表述具有了物理意义——像力这

样的抽象关系，等于质量乘以加速度：

$$F = ma$$

两个天体之间的引力，为

$$F = G\frac{m_1 m_2}{d^2}$$

根据这个公式，任何人都可以计算出下星期二火星的位置。

"我不捏造假设"可能有很多含义，但从最根本的方面来说，它表明物理定律的数学表达形式就是它自己的假设，是关于物质世界的命题，将接受测量和观测的验证。一旦它通过了检验，这样一组不含有捏造的假设将糅合进现实中。就像牛顿声称的那样，这是一个"不可能失败，而是真正的"阐释。

回望过去，如此精确地在通过计算预测出的位置发现海王星，只不过是对历史上最成功科学思想的又一次证明。但这还不是故事的全部。牛顿在一生中遭遇到的反对，不会因为他说"我不捏造假设"而消失。牛顿革命性的核心在于，纯粹的数学讨论已足以解释物理世界中的事物——完全地、彻底地，从广阔的天空到我们身处其中的俗世：皮球从孩子的手里掉落，涨起的潮水淹没沙堡，预言中的海王星出现在伽勒的望远镜里，所有这一切都由同样的定律所支配。但是，"公式代表现实"的信念并没有立即获得认可。

甚至牛顿本人也是如此。他并没有——也不可能——完全彻底地被其理论中的数学公式说服。和所有人一样，牛顿也有着自己的局限性——他过去的成就就如同（或更甚于）他所要创造的未来。他是神秘的炼金术士，坚定地从事秘密研究，试图了解自然变化的过程。引力的思想中便注入了炼金术的精神，比如一颗行星如何跨越空间使另一个天体运动，但却并没有与之实际接触。他看见上帝的手掌控着整个太阳系和整个宇宙——不是抽象的灵魂，却是物质世界的终极动因。牛顿的继承者们低估了、也简单地忽略了他们心中的英雄所持信念的这一面（剑桥大学甚至拒绝接受牛顿当年炼金术论文的真迹捐赠，认为"那些东西没什么意思"）。相反，欧拉、拉格朗日和拉普拉斯，直至勒威耶，这些思想者却以牛顿的名义建立了一整套世界观。在那里，宇宙的"脚手架"不是机械，而是数学——数学，没有上帝的数学，让拉普拉斯说出"我不需要那样的假设（上帝）"。这是对牛顿"不捏造假设"的回响，也是全新的注脚。

这些牛顿主义者扩展了牛顿的思想，并借助其解决越来越复杂的问题。他们一次又一次地证明，牛顿的思想可以应用于整个太阳系。直到最后，海王星的出现打破了一切怀疑。勒威耶的计算不仅是一次进步，更是一大胜利：这套由牛顿建立的、而后被发扬光大的研究自然的方法，不仅仅是绝妙的工具，还对宇宙是如何运行的这一问题提供了权威论述。

牛顿之所以被世人所铭记，不仅仅由于他是那个时代的伟大思想家，他也是迄今为止最伟大的科学家。在他所有怀揣的秘密、个人思想——影响了他的自然哲学的所有那些（我们眼中而不是他眼中的）疯狂的、近乎魔幻的信念 —— 中，"我不捏造假设"的思想遗产，仍然被人们传颂。这是用科学解释物质世界的基石：对物理世界进行严格的观测和测量，用数字的语言表达和分析。

第二部分

从海王星到祝融星

（1846—1878 年）

第 4 章

38 秒

　　成功使人成熟。但可能不是对所有人都如此，勒威耶肯定不是这样。他"在笔尖上"发现了海王星，很快就受到英雄般的赞誉。勒威耶的同行理解他所做的工作，但公众却尊敬地把他当作魔法师，认为他可以从公式中召唤出行星。数学家埃利斯·卢米斯（Ellis Loomis）在 1850 年写道："勒威耶几乎有着超人般的洞察力，语言不足以表达公众对他的敬仰。"卢米斯本人并不像公众那样疯狂，在他的记录中，这些称赞"某种程度上太夸张了"。但他随后补充说这没什么关系。卢米斯总结称，对勒威耶的贡献更为清醒的评价，仍然是赞扬他为"**那个时代第一流的天文学家**"。

　　勒威耶本人也赞成这个称号。在伽勒的观测被其他观测者确认后，勒威耶几乎在首次专业活动中就强调，他是第一个发现海王星的人。接下来的问题是，该如何命名这颗新行星呢？勒威耶有一个明确的答案：仿照其他行星的命名惯例，用罗马神话中一位神的名字来命名［天王星是个例外，它的名字乌拉诺斯（Uranus）来自希腊神话］。他提议将新行星命名为尼普顿（Neptune，海王星），这是海神的名字，也是朱庇特（Jupiter，木星）的兄弟。像这样的命名打破了神话族谱的顺序——萨图恩（Saturn，土星）是朱庇特和尼普顿的父亲，乌拉诺斯是萨图恩的父亲。然而，勒威耶的选择符合通行的做法。谷神星（Ceres）[①]和智神星（Pallas）就是例子，它们于19世纪初被发现，被认为是最大的两颗小行星。

到目前为止，一切都很顺利。但是英国人倾向于使用俄刻阿诺斯（Oceanus，希腊神话中的水之神）作为新行星的名字，用以表示他们所在的这个四面环海的岛国也对发现新行星做出了一定贡献。这惹恼了勒威耶，但他立马意识到，海王星这个名字还没能体现出自己应得的荣誉。

因此，他收回了自己的命名建议，转而邀请他的同事、巴黎天文台台长阿拉戈代表自己来为新行星命名。阿拉戈的提议可能会招致人们的质疑，他提出：勒威耶的行星，应该叫作勒威耶星！

事件的主人公进行了一场令人难以信服的谦逊表演，在第七颗行星命名的问题上，勒威耶突如其来的转变引起了公众的不满。现在，他在职业生涯中第一次考虑这样称呼天王

---

① 2006 年 8 月 24 日，国际天文学联合会（International Astronomical Union, IAU）第 26 届大会投票通过新的行星定义。根据新行星定义，谷神星被划归为矮行星。——编注

星 —— 赫歇尔星，这个只有英国人才偶然使用的名字。然后，就像 18 世纪的英国以赫歇尔为荣一样，19 世纪的法国将以勒威耶为荣。但勒威耶的计谋没能成功（显然，也不可能成功）。这在一定程度上是由于赫歇尔的儿子约翰拒绝这样对待父亲的发现；更重要的是，没有一位巴黎以外的天文学家能忍受一颗名叫勒威耶的天体一夜又一夜地悬挂在自己头顶。这个庸俗的命名提议最终被放弃，舆论依然坚持着从一开始就似乎是显而易见的选择：海王星。

尽管如此，勒威耶还是收获了大量的荣誉。就像赫歇尔一样，勒威耶也引起了皇室的注意，他从法国国王路易·菲利普（Louis Philippe）手中接过了法国荣誉军团勋章。实际上，勒威耶从那一刻起就开始在职业生涯中大权在握，并最终统治了法国的天文机构。仅仅在发现海王星几个月之后，法国官方就要求他提交一份未来的研究计划。作为回应，勒威耶提出"超越拉普拉斯，梳理整个太阳系……"这样一个计划，他写道："如果可能的话，会将一切都和谐地处理好。若无法完成，则可肯定地宣布，仍然存在未知的扰动，而这些扰动的来源只有到那时才会显示出来。"

勒威耶对这个计划的规模没有抱任何幻想。他告诉内阁这个计划所涉及的步骤：首先，依次收集每颗行星完整的观测星表；然后，建立方程组，逐个细致地解释所有已观测天体所受到的已知影响，他相信牛顿万有引力是一切的主宰；接下来，将观测数据全部代入行星的数学模型，他（和助手）就可以计

勒威耶，19 世纪中叶法国公众熟知的人物

算行星的星表 —— 这些特定的数字预言了行星在任意时间的位置；最终，当所有行星的数据都呈现在纸上以后，可以看一看太阳系中是否存在观测到的现象与勒威耶的计算结果不一致之处。如果出现了某些异常，便有可能预示着下一颗"海王星"的存在。新发现就在眼前闪耀。

勒威耶估计，要完成所有这一切至少需要花上 10 年 —— 可能更久 —— 的时间。要想在这个时间之内完成，还须雇佣一位助手负责单调的计算工作，以备勒威耶可以随时询问进展。

法国公共教育部的官员们没有反对 —— 他们为什么要反

对呢？一名廉价的助手和一纸许可，就几乎可以毫无困难地要求海王星的发现者开展研究工作。但是不出所料，勒威耶并没有立即开始，他还想要收获更多的掌声，1847 年到英国旅行仅是其中一例。1848—1850 年，巴黎发生政变，拿破仑的侄子最终夺取政权，称拿破仑三世，建立法兰西第二帝国。像之前拉普拉斯一样，勒威耶也参与了革命政治运动——也像智慧的前辈一样，他在政治斗争中幸存下来。直到 1850 年，随着地位的稳固和政治斗争地化解，勒威耶才再次把注意力转移到天体力学问题上来。尽管在越来越多的同行眼里，勒威耶狂妄自大，但他很快就证明了自己确实是那个时代最伟大的天文学家。

假如勒威耶拥有神秘的超能力——某些特殊的天赋驱使他洞察到同时代人疏漏的东西，这种能力就是嗅出物理学微妙之处的诀窍，他的计算暗示了这些微妙之处。勒威耶无疑是一位精通数学的天文学家，他的同行没人把他当作那个时代最好的数学家，他也不是观测大师。1854 年，他当上了巴黎天文台台长，他需要领导观测人员，但不需要（或者说不愿意）亲自观测。相反，他标志性的贡献来自理性思考，这些思考让他从方程中得到解，然后再解释这些数字暗示了哪些真实事件。当他重新将精力集中在天体力学的分析工作上时，他的同事们立即就想起了他真正的独到之处。这一次，他解决了一个看似微小的问题——对那些已知的小行星轨道进行细致的检查。

其中最关键的是起源问题：在火星和木星轨道之间发现了越来越多的小碎块，天文学家该如何解释它们？

　　1801 年，人们发现第一颗（毫无疑问，也是最大的）小行星，并将其命名为谷神星。第二年，德国天文学家海因里希·奥尔贝斯（Heinrich Olbers）发现了智神星。本该有一颗大行星的轨道上为什么会散落着多个小天体？奥尔贝斯发表了最初的猜测。他猜想已确定的两个小天体来自一场行星灾难。他推断，一定有一个大得多的天体曾经位于那条轨道上——按照离太阳的距离从近到远，假设排第五位的行星。

　　那颗行星被命名为法厄同星（Phaeton）。传说法厄同是阿波罗之子，在驾驶父亲的太阳战车失控后，他被宙斯（木星）的雷电击中而坠落。奥尔贝斯提出，所有的小行星都是在太阳系早期灾难中被摧毁的法厄同星的碎片。对于法厄同星的摧毁，后来有理论认为，由于它距离木星太近而在这颗太阳系最大行星的引力作用下摧毁了，也有人认为它遭受了早期太阳系中另一个大天体的撞击。无论历史细节怎样，奥尔贝斯都做了明确的预言：如果消失的行星曾存在并炸成碎片，那么在发现过谷神星和智神星的区域就应该存在几十、上百颗——谁知道究竟有多少——小行星。

　　奥尔贝斯的预言完全正确。1807 年他又发现第二大小行星灶神星（Vesta）就是证明。同样重要的是，他关于早期太阳系"撞车大赛"的观点不能被简单地忽略。毕竟到目前为止，对于我们的地球如何捕获月球的最好解释，就是所谓的大碰撞假说：在整个太阳系诞生一亿年时或在此之前，一个火星大小的天体撞上了原始地球。这个天体还被命名为忒伊亚[Theia，泰坦神之一，其女是月亮女神塞勒涅（Selene）]。[1]

与此同时，大自然通常对试图探索它的人要弄诡计：人类急切地想在已知的知识地图上描绘未知的世界，而两者的相似之处却可能是陷阱。我们不能仅仅因为某些事物看上去相似，就断言它们背后的故事一定相同。石块在空中四散而飞也可能是因为采石场的爆破……除非你思考一下其他能够得到相同结果的方式，否则你的思考就仅仅建立在假设而不是证据之上。奥尔贝斯对相似性深信不疑，而勒威耶并不相信。

勒威耶的第一项小行星研究成果产生于十年前。他当时计算得出，木星与奥尔贝斯发现的智神星的公转轨道周期比为18∶7——类似于拉普拉斯早年发现的木星和土星轨道间的引力共振。现在，还是回到小行星的话题上，勒威耶拒绝接受奥尔贝斯的假设。他认为，没有必要假设一场灾难。相反，他相信小行星和太阳系中大行星的形成过程相同。为此，他做了两个预测：首先，与奥尔贝斯的看法一致，尽管小行星列表上只有 26 颗已知轨道的小行星，勒威耶也认为应该存在着数量巨

---

[1]　关于月亮的形成，当前有几种不同的、被广泛接受的假说。至少有一种假说主张根本没有发生过撞击。但是，撞击理论能够解释阿波罗登月带回的岩石与地球岩石在成分上的相似性，以及地球和月亮系统的动力学。因此，当前学术界倾向于太阳系发生过早期地球与某个大天体相撞的版本。

大的小行星，一旦观测者拥有了更好的设备，发现它们将指日可待；他还推断，随着大量新天体不断地涌现出来，人们将有可能确定它们在天空中的真实分布情况。这样一来，观测者就可以找到证据证明他所说的"每颗大行星中物质结合在一起的原因，与小天体形成分组的原因相同"。

勒威耶是对的。人们在他提出这一观点之后发现的小行星的分布规律反映了行星形成的原始过程——物质颗粒聚集在一起，先形成小石块，再成为岩石，然后成为"微行星"。位于火星轨道以内的行星按照这个形成顺序持续地聚集，直到形成主要的岩石行星。在小行星带上，木星的引力扫过其间，给这里带来动荡，致使这里无法形成任何单独的大天体。如同勒威耶预言的那样，小行星形成几个由相同的轨道动力学联结的族群——在木星引力的影响下聚集——虽然勒威耶没能正确指出木星的作用。但在之后的修正过程中，勒威耶展现了其关键的科学才能：他没有停留在简单的相似性上——大家都喜欢的灾难假设——并且没有从现象倒推。

因此，他做了一项关键的假设：新现象不一定需要新的原因才能发生。观测所呈现的结果能反映问题的本质，但勒威耶通过分析小行星认为，小行星本身并不足以呈现问题的本质。在遇到新情况时，科学家的责任是发现海量新数据中隐藏的含义。半个世纪之后，他的同胞、伟大的数学家亨利·庞加莱（Henri Poincaré）这样表述："我们无法了解全部事实，因此有必要选择那些值得去了解的。"

这话听上去很粗鲁、自大，什么人可以判断哪种事实是"值得"的呢？庞加莱认为，不是什么人可以判断，而是有一种内在的逻辑，一种构建自然美的途径，可以在探索的过程中排除科学家的异想天开。技巧仅仅就在于那些主张"解决问题并且带来和谐结果的观点，或是……将一种预见转化为大量其他的事实"。面对着 26 颗已确定轨道的小行星，勒威耶发现了优雅而高效的解决之道。"找到更多的小行星。"他说。把新发现的小行星放在牛顿引力建立起来的框架内，再通过分析来丰富已经排列好的大行星系统。对庞加莱来说，科学思维的极致是艺术家般的表现；而勒威耶所做的小行星工作让最苛刻的鉴赏家都感到愉悦。

更多的成功也没能让勒威耶变得温和，他成了一个邪恶的学术政客。19 世纪 50 年代初，他盯上了巴黎天文台的掌管权，借此控制法国最重要的天文学研究项目。阿拉戈是当时的天文台台长，也是勒威耶曾经的支持者，如今两人却势不两立。早在 40 年代末，当勒威耶第一次试图控制部分巴黎天文台资源时，两个人的争端就开始了。阿拉戈没有妥协，但他在 1853 年生了病，因此他以及他的支持者组建了一个委员会以筛选可能的台长继承人。勒威耶也没有浪费时间，他已在法国政府那里积累了足够的影响力来保护自己。法国公共教育部命令终止寻找台长继任者，取而代之的是建立了一个包括勒威耶在内的委员会，事无巨细地评估天文台的运作状况。委员会最终出具的报告明显是在勒威耶的授意下完成的。报告将天文台描述成一所落后的研究机构，设备陈旧，位置恶劣，管理不善。很明显，天文台需要新的发展和新的领导者——报告呼吁设立永久的领导职位，这位终身领导"应该拥有绝对的权威……而且审议机构的干涉也不能使其受到抑制或损害"。公共教育部采纳了这份报告，并在十天后任命台长候选人为法国天文学事业的新一代最高领导者。当然，这个人就是勒威耶。

那些最了解他的人预感到，一场风暴即将到来。约瑟夫·贝特朗（Joseph Bertrand）是科学院的终身秘书，在为科学院服务的 20 多年中，他在勒威耶近旁观察了好些年。在勒威耶发现海王星之后，贝特朗几乎立即记录道，勒威耶和其他人相处得不好。他记得一开始的那几年，"勒威耶对其他人的工作都显得缺乏好奇心。他时常纠正别人，强调别人的错误，而且在这些时候他从来不软化自己的强硬态度……每次与人争执后，他过去得到的敬仰便荡然无存"。

1862 年报纸插画中的巴黎天文台

从同事升级为领导，这样的变迁没有改变勒威耶的行为。他解雇了所有他认为与上一届管理层密切相关的人。勒威耶是如此无情，以至于一位传记作家暗示，勒威耶曾经迫使一个人自杀。他对自己雇来的下属也没能善待。卡米耶·弗拉马里翁（Camille Flammarion）于 1858 年加入天文台，成为一名观测助手。在他的记忆里，勒威耶是"自负、倨傲、顽固的人……是一个把天文台的雇员视作自己奴隶的独裁者"。在勒威耶刚刚发现海王星、正值荣耀光芒四射的时候，夏尔·艾梅·约瑟夫·达韦杜安（Charles Aimé Joseph Daverdoing）为他画过肖像。据画家所知，勒威耶私下里是"一个好脾气的人，性格开朗，很好合作"。但他确认，勒威耶在工作中"过分苛求……而且从来不为年迈体弱的员工发放补贴……说话总是口无遮拦，还有一两次对人动过手"。这些说法已经不仅仅是传言，从他任台长期间的人事记录中就可见一斑：在勒威耶任台长的最初 13 年里，共有 17 名天文学家和 46 位观测助手离开了天文台。

尽管勒威耶不是一位成功的领导者，但他的个人能力从来不曾被质疑过。自登上天文台台长的位置起，他就着手实现自己先前关于完成太阳系理论体系的承诺。他还有一些初步的工作要做，其中最重要的部分就是，对上千次太阳在天空中相对位置的测量结果进行分析。1852 年，他开始着手解决这一问题。当时的主流观点认为，地球和太阳之间距离的最佳估计值是 9 500 万英里（约 1.53 亿千米）。1858 年，勒威耶修正了这一数字，使误差减小了 2.5%——这是巨大的进步——新

的计算结果是 9 250 万英里，前所未有地接近现代公认的数值
9 299.5 万英里（约 1.495 97 亿千米）。

按照当时的惯例，观测的原始记录需要保留小数点后 3 位
或 4 位有效数字。可以确定的是，不幸又疲惫的观测助手们感
觉他们被绑在了无休止的流水线上，像战斗一般地工作。为了
实现勒威耶所要求的精度，他们没完没了地编制星表，没完没
了地做着运算。不过这样的分析的确对于解算八大行星中任一
颗的异常活动都至关重要。利用改进了的太阳距离数值，勒威
耶接下来重新计算了四颗内行星的星表，使它们也达到了与
巨行星一样的精度水平。在此之后，他发现了一个简单的变
化——地球和火星的质量要比预估的小一些——结合新的太
阳距离，他可以很好地解释四颗内行星中的三颗。金星、地球
和火星的数学表达式全都表述正常。据每颗行星计算绘制出的
图表，都能与这三颗行星围绕太阳的观测记录相匹配。

但是，还有一颗行星，固执地拒绝匹配，它就是水星。

当然是水星，它可是老对手了。早在 19 世纪 40 年代，勒
威耶第一次尝试建立水星运动的数学模型时，它就惹过麻烦。
勒威耶当时已经有了最精确的水星观测数据，但还是在 1845
年水星凌日时估错了水星的位置。虽然目前有所改进，但问题
还是没有解决。

那时候，勒威耶承认这个问题没有明确答案。他写道：
"如果星表记录与大量的观测结果不完全一致，我们当然不能

冒险把问题归咎于万有引力定律的不完善。"为什么不能？当然是因为海王星，它的发现证明了牛顿理论的威力，换句话说，如勒威耶指出的那样："近来，这一定律已经得到了充分的肯定，我们不允许改变牛顿定律。"

勒威耶认为，产生这样的误差一定是因为"有些计算不够精确，或是存在某些未知因素"。那时，他无法确定问题出在哪里。水星的分析过程这么复杂，而观测数据又相对缺乏，"我们无法确定，"他写道，问题到底应该归咎于"分析误差还是……我们对天体力学知识的认识还不够充分"。

事情就这样搁置下来。直到 1859 年，在勒威耶初次尝试过了 16 年之后，他发现自己可以重新回到这个问题上。此时勒威耶 48 岁了，他的名望和数学能力都已经达到前所未有的高度，巴黎天文台的资源也任由他差遣。水星理论问题应该能够迎刃而解。

此时的勒威耶比起年轻的时候有了绝对的优势：更好的数据。他重新检查了 1843 年用过的信息——巴黎天文台观测的水星运动数据，并且补充了以当时的天文技术能做到的最好的水星凌日观测数据。这些高精度的记录可以追溯到 1697 年，依靠优质的时钟和精准的定位，天文学家可以最精确地测定水星凌日时水星进入和离开太阳圆面的时刻。

勒威耶按照以往的计划开始了对水星的挑战。首先，他利用直接测量的所有水星运动数据（经验数据）描绘出水星的轨道；然后进行理论计算，看一看在给定太阳和所有已知行星的引力贡献后，水星在牛顿定律下是如何运动的。经验数据结果和理论计算之间存在的任何偏差（天文学家称之为残差）都必须得到解释。如果没有偏差，行星理论就完成了，距离成功建立太阳系模型仅剩一步之遥。

但结果确实存在微小的偏差。那是一个很小的数值——真的非常微小——但理论值和计算值之间的差值仍比观测误差能解释的值大。这意味着问题真的存在，同时也意味着另一件事：几乎可以确定不是勒威耶的分析有缺陷，而是空间中存在着一些未知的东西。

他发现的异常现象被称为水星轨道近日点进动。行星围绕太阳运动的轨道是椭圆形，轨道上距离太阳最近的点叫作近日点。在理想的二体系统中，行星轨道稳定且近日点是固定的，行星在周期运动之后总是回到同一位置。一旦系统中行星数目增加，这种稳定性便消失了。对这样的系统来说，如果你在一页纸上画出天体每一年的轨迹，随着时间推移，你会得到一种花瓣样的图案，每个椭圆都略微发生了偏移。近日点（以及远日点，和近日点相反，是轨道上距离太阳最远的点）将围绕着太阳移动，偏移的方向和行星运动的方向相同的情况就被称为近日点进动。学过几何的人都知道，一个圆周（或椭圆圆周）为360度，每1度可以分为60角分，每1角分可以分为60角秒。勒威耶的分析显示，水星的近日点的进动速率为每世纪565角秒。

接下来要考虑的是，在这么大的偏移量中，有多少偏移量可以由其他行星的影响来解释。作为水星的邻居，金星肯定做

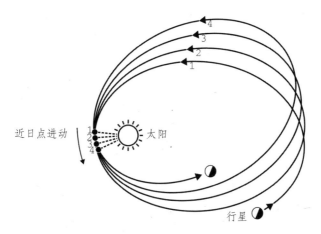

近日点进动

太阳

行星

夸张了的水星轨道图。由于近日点的移动,水星绕太阳的轨道呈花瓣形

出了最重要的贡献。勒威耶通过计算发现,金星的影响几乎占了水星近日点偏移量的一半,即每世纪 280.6 角秒;木星的影响为每世纪 152.6 角秒;地球贡献了每世纪 83.6 角秒;其他一些行星也起了微小作用。总计为每世纪 526.7 角秒。

一个半世纪之后,勒威耶所发现的"小误差"依然有着非凡的意义。水星轨道近日点"舞蹈"中,依然每年有 0.38 角秒无法得到解释。换句话说,每一百年,在水星转 36 000 度期间,其轨道近日点变动约为 1/10 000,产生的进动为每世纪 38 角秒。

是的,这十分微小。但是水星近日点的剩余进动仍然是问题的关键:它不为零。勒威耶知道这样的不一致意味着什么。如果水星运动的过程中,不存在已知质量拉动了水星,那便是"我们的知识还不完善",而这一欠缺正等待着人们去填补。

第 5 章

扰动质量

　　勒威耶并非绝对正确，只是有些错误他不愿意承认。水星围绕太阳的轨道产生进动，但充分考虑了太阳系的引力影响之后也不能准确计算出进动的速度。勒威耶计算的水星进动残差值——每世纪 38 角秒——比现代值（43 角秒）略小，但勒威耶的结果是当时（1859 年）最为准确的结果，这是用他的处理方法所能达到的极限。勒威耶从来没有怀疑过这项工作，与他同时代的天文学家也没有怀疑过。对他们来说，这样的结果是激动人心的新闻：需要新的发现来解释这个偏差。

　　勒威耶知道接下来意味着什么，在关于水星的长篇报告中，他说："水星轨道附近有一颗行星，或者有人倾向于认为有一群小行星，造成了水星运动的异常……根据这一假设，应该向水星轨道以内探寻一定质量（的天体）。"

　　勒威耶进一步计算了产生特定近日点进动效果的水内行星的大小。"假设这颗行星的大概位置在水星和太阳的距离中间，"他写道，"那么它的质量就大约和水星相同。"勒威耶非常清楚，这个结果带来了一个明显的问题。如果这颗行星有这么大，为什么还没有人看到过它？即便这颗预言中如水星大小的行星通常都隐藏在太阳的光辉里，"这个理论也不太可能成立，"他写道，"因为在日全食的时候"，这颗行星无法避开我们的观测。因此，勒威耶倾向于另一种可能性："在太阳和水星轨道之间有一群小行星。"

这样的结论使勒威耶的追随者们感到泄气。小行星列表已经越来越长，即便在那样特殊的位置上再发现小行星，带来的惊喜也比不上发现海王星。但是投入的搜索工作量是相当的。除非水星近日点进动得到解释，否则存在的偏差将代表宇宙秩序被破坏，这是所有牛顿的继承者无法想象的。因此勒威耶急切地说："一些小行星可能比较大，在凌日的时候能被观测到穿过太阳圆面。注意着太阳表面发生的所有现象的天文学家们，要不遗余力地跟踪可能的所有斑点，无论它们有多小。"换言之，你们跟踪过所有的太阳黑子吗？它们当中有些可能就是小行星。赶快！

有些人不愿意长时间关注太阳黑子的工作，对这些人来说，通过另一种方法可以加快取得发现的速度。勒威耶在1859 年 9 月 12 日的科学院文集《法国科学院通报》（Comptes Rendus）上发表了关于水星发现的简报。在同一期文集中，科学院秘书埃尔韦·费伊（Hervé Faye）写道，对勒威耶假设的小行星的最佳观测机会是日食期间。幸运的是，下一次可观测的日食就发生在 1860 年 7 月 16 日，并且在北非和西班牙可见，届时就有可能捕捉到这些小行星。在日全食发生期间，最靠近太阳边缘的区域将突然失去刺眼的光芒，直到"决定性的时刻"，也就是日全食发生的几分钟时间内，费伊写道："足以让我们对勒威耶先生所指定的区域进行充分探索。"

费伊的报告掀起了一波筹备观测日全食的浪潮。观测地点有毕尔巴鄂（Bilbao）附近，萨拉戈萨（Zaragoza）以西几英里的地方，以及地中海对岸的阿尔及尔（Algiers）沿岸——每支观测队伍都对在 7 月 16 日等到最晴朗的天空充满了期待。人们都知道勒威耶的光辉历史，因此觉得用这种方法发现一颗或更多的小行星是可行的，甚至第一次尝试就可能有所发现。甚至，可能已经有人看到过这些小行星了。回顾以往人们对天王星的误判，勒威耶的简报使得一些人重新研究过去的记录，寻找自 1609 年伽利略第一次将望远镜指向天空以来有可能出现过的水星轨道内天体。虽然一开始没能发现有价值的候选体——但话又说回来，尽管赫歇尔有好运气，但知晓你的探寻目标也是有力的辅助，去西班牙吧！

埃德蒙·莫德斯特·莱斯卡尔博（Edmond Modeste Lescarbault）总是那么谦逊，几乎到了缺乏自信的地步。他生活简单，活动范围限定在塞纳河与卢瓦尔河之间，位于巴黎以西稍偏南约 70 英里的地方。他曾经学过医，1848 年开始在乡间小镇奥热尔昂博斯（Orgères-en-Beauce）从业，并在那里生活了 25 年。他死于 1894 年，享年 90 岁，是当地知名的医生 —— 他的诊所所在那条街现在已被命名为莱斯卡尔博医生大街 —— 但现在他的名字早已被人们遗忘。

这位乡村医生有个狂热的爱好。在孩童时代，他就爱上了夜空。大部分孩子长大后就会远离童年时所热衷的事，但莱斯卡尔博不是这样，他依然热衷于天文学。像在此前后的很多人那样，他从天文学中找到慰藉，就像后来爱因斯坦得到的安慰那样："这个巨大的世界，独立于我们而存在。"爱因斯坦写道，对它的沉思"就像一种释放"。

对莱斯卡尔博来说，这种让他从每日的医务工作中释放自己的方式，使他建造了一个精巧的业余爱好者天文台：一个低矮的石头谷仓，其中一端装了圆顶。他在那里安装了一架优质的望远镜，这架望远镜拥有 4 英尺 [①] 长的折射镜和 4 英寸左右口径的物镜。他在医务工作的忙碌间隙，见缝插针，争分夺秒地往返于办公室和他的天文台之间。他想知道，人们在火星和木星之间发现了一群带状分布的小行星后，还有没有别的地方会有小行星？ 1845 年 5 月 8 日他得到了答案 —— 这一天勒威耶错估了水星凌日的时间。

莱斯卡尔博观察到，水星像一个小圆点那样在太阳圆面上移动，没出现任何异常。他关注的不是凌日的行星，而是是否有可能遇到尚未被发现的小行星凌日。类似于谷神星或灶神星

---

① 　英制单位，1 英尺 = 30.48 厘米。——编注

大小的行星，凌日是唯一能看到它们的机会 —— 对狂热的天文爱好者来说，这些事件将是完美的探索目标。他们总是急切地想在宇宙中发现别人未曾发现的新东西。

莱斯卡尔博向目标前进的脚步迈得很慢，日常生活也阻碍着他。一方面，他的医学事业需要发展；但更重要的是，他在天文学方面真的是外行。在捕获小行星接近太阳边缘这样的现象方面，他缺乏严密的知识，他的仪器也不够精确。莱斯卡尔博花了10多年的时间做准备。到了1858年，他用自制的仪器安装好望远镜，这台望远镜已足够好，能够将天体的位置固定在视场中。终于，他准备好了。

1859年3月26日，星期六。正值春末，奥热尔沉浸在午后温暖的阳光中。来诊所的患者不多，于是莱斯卡尔博转向他的爱好，躲进天文台。他将望远镜指向太阳，一个目标跃入视场：微小，呈圆形，恰好在太阳边缘之内。他估计这个天体的尺寸，大约是水星视直径的四分之一。他刚刚错过了这个天体最初进入太阳边缘的时刻。根据运动速率反推，他估计这个天体大约在下午四点钟开始穿越太阳边缘，精确地说，是下午3时59分46秒，误差在正负5秒之内。他用炭笔在木板上写下这些结果。此时，来了一位患者。他无法进一步观测，只能带着不为人知的沮丧将目光从望远镜里抽离出来。几分钟之后，他又回到望远镜前。小圆点还在移动着穿过太阳表面。他持续地跟踪着目标，记录下它接近太阳圆面中心的路径，以及从太阳的边缘消失的时刻和方位。他再次记录下时间：5 时 16 分 55 秒。总的凌日时间是 1 小时 17 分 9 秒。如果有望在太阳系最内部的区域发现小行星，这次凌日一定就是最佳的时机。莱斯卡尔博一丝不苟地誊写他的记录，然后……

九个月的时间过去了，他什么也没有做……

最后，他说服自己写了一封信——由专人递送——到巴黎。

他"打破了沉默"，勒威耶后来写道："只因为他看到了我在《宇宙》(Cosmos) 杂志上发表的关于水星工作的文章。"莱斯卡尔博在信中描述了他在 3 月的那个星期六收集的数据，然后补充了一条大胆的声明："我相信它到太阳的距离比水星小，并且是一颗行星，或者是多颗行星之一。它就位于太阳附

L. Martin, éditeur

9 — Orgères (E.-et-L.) - Observatoire du Dr Lescarbault, 1863

从这张 1863 年的明信片来看，莱斯卡尔博医生的天文台已经变成了一个旅游景点

近，这正是勒威耶先生运用他超强的计算能力几个月前预言的地方。这样的能力曾经让他意识到海王星的存在……"

莱斯卡尔博将信托付给瓦莱（Vallée）先生，"一位道路和桥梁荣誉总监"，请他将信交给勒威耶本人。这封日期为1859年12月22日的信在几天之后到达了巴黎。勒威耶最初的反应——据他所说——是怀疑。但他充满希望。要确认莱斯卡尔博是否真的实现了他所宣称的那样的观测，唯一的方法是见见这个人，检查他的设备，考察他。无论看起来有多么不现实，乡村的天文爱好者也有可能收获这样的殊荣。勒威耶甚至为此不惜耽误大事，他已答应过他的岳父参加新年的庆祝活动。但火车时刻表显示，他从奥热尔返回巴黎的时间恰恰可能是在31日午夜前。勒威耶要求瓦莱作为证人与他同行，他们两个人要去看一看莱斯卡尔博的"行星"是否真的有可能存在。

没有通知任何人，勒威耶和瓦莱来到奥热尔昂博斯，从最近的火车站下车后又步行了12英里。几天以后他向科学院讲述了这件事，近乎平静地描述了这次会面："我们发现莱斯卡尔博先生长期致力于科学研究……他允许我们仔细地检查了他的观测设备并详细地向我们讲述了他的工作，尤其是一颗行星穿过太阳表面时的所有情况。"这两个从巴黎来的人让莱斯卡尔博给他们演示了观测的全过程，直到勒威耶和瓦莱最终相信，面前这位天文爱好者确实看见了他所描绘的现象——而且，重要的是，他对此做出的解释是正确的。"莱斯卡尔博先生做出的解释让我们完全相信，他所做的细致观测已经达到了科学的水准。"

关于这件事，勒威耶私下里讲的是另一个版本。脱离了科学论述的表达方式，他看起来就像是在讲述一部英雄史诗。《宇宙》杂志（莱斯卡尔博最初就是从这个杂志中知道了水星进动问题）的编辑哈伯·穆安（Abbé Moingo）记录了其中一次讲述。穆安写道，勒威耶谈到动身前往奥热尔时，原本以为不可能有什么乡村医生在发现了一颗新行星之后，还能守口如瓶九个月的故事，但他还是暗自相信这件事可能是真的。在医生家里，勒威耶就如同一头来自巴黎的狮子，"羔羊"在他面前瑟瑟发抖。他咆哮道："人们应该见一见莱斯卡尔博先生……他如此平凡，如此简单，如此温和，如此害羞。"根据哈伯的说法，莱斯卡尔博虽然结结巴巴，但仍然在每一回合设法捍卫自己。"你能确定行星与太阳边缘第一次和最后一次接触的时间吗？"勒威耶知道，对凌日开始时间的测量"极其不容易，即使专业的天文学家也总是失败"，所以他如此发问。莱斯卡尔博承认他错过了开始接触的时刻，但他利用小斑点的移动速率，反推出它第一次接触太阳边缘的时刻。勒威耶说这还不够好。另外，在获悉医生的计时装置缺少秒针之后，勒威耶愤怒地说："什么！用这样旧的手表，只能显示分钟，你怎么能估计出秒的时间呢？我有足够的理由怀疑你。"

莱斯卡尔博从压倒性的攻势中重整旗鼓，为他的来访者演示了利用钟摆记录秒的方法，并且提醒天文学家，作为一名医生，"给病人诊脉并计数就是我的职业……持续地数秒对我来说不是什么难事"。从这一点上（至少现代人听起来，会感到非常怀疑），就能察觉出故事中夸张的成分。如狮子般的攻击起起落落，每次打击看上去都像是致命的，但都被憨厚朴实、羔羊般的莱斯卡尔博化解。著名的天文学家扮演了质疑的角色（无论他多么渴望这一发现），而乡村医生越来越成为能够胜任科学工作的优秀人才。这场质询持续了一个小时，足以使勒威耶打消全部怀疑。最后，他投降了。"怀着无上的诚挚敬意，他祝贺莱斯卡尔博取得了重要的发现。"勒威耶愿意帮助莱斯卡尔博得到更为实际的荣誉，他担保莱斯卡尔博在一个月内获得法国荣誉军团勋章。因为，似乎是这位"乡村天文学家"发现了第一颗水内行星。

接下来就看勒威耶的了。莱斯卡尔博不具备将他的观测数据转变为行星轨道的数学计算能力，而勒威耶在一个星期之内就完成了计算。他假设轨道接近圆形，计算出新行星绕太阳运行的公转周期不足 20 天，到太阳的视距离不超过 8 度。人们很难直接观测到这样的天体。但如果勒威耶的分析结果接近正确的话，那么这颗潜在的行星应该每年重复发生 2～4 次凌日现象。

就这样，这颗行星登上了大众媒体——伦敦《泰晤士报》（*The Times*），美国《大众天文学》（*Popular Astronomy*）和英国《旁观者》（*The Spectator*）（其中不乏对莱斯卡尔博医生的溢美之词）。科学家还考虑了其他的轨道形状。有人假设新行星的轨道绕太阳呈狭长的椭圆形，并且重新分析了观测数据。还有人从最早的记录开始检查，看莱斯卡尔博的行星是否在历史上出现过。就像发现天王星和海王星之后出现的情况那样，人们很快发现了好多历史上出现过的新行星候选体。追溯到18世纪中期的一系列观测记录很快将候选体的数量增加到了两位数。

显然，还有更多的工作需要处理，首先要做的就是对这一神秘天体进行重复观测。尽管如此，庆祝活动仍然继续着，人们对现存的所有不确定性视而不见——而且理由正当。对新行星的信念等同于信任勒威耶的名誉，以及新发现背后坚如磐石的逻辑。不管现在还是过去，水星近日点进动都是真实存在的。关于这一问题，牛顿引力理论提供了一个明显的解决方法。新行星恰好出现在理论所预测的位置上，这很完美；在精神信仰的层面上，这也应该非常正确。

新天体需要一个新名字。这一次，新发现没有国家之间的争议，也没有"海神"与"勒威耶"的竞争。用古代神祇的名字为大大小小的行星命名已经成为共识。奇怪的是，关于是谁首先提出了最终的命名，历史上并没有记录。但对这一天体的命名很容易，它始终处于太阳的烈焰中。在奥林匹斯山上，唯有维纳斯（Venus，金星）的丈夫、锻造之神可与之相对应。1860年2月，这颗最新的太阳系行星拥有了名字：

祝融星（Vulcan）。

第 6 章

"搜索将圆满结束"

　　祝融星就这样快乐地登场了。在勒威耶宣布发现祝融星几个星期之后，老对手英国皇家天文学会这样表示："莱斯卡尔博的观测奇功将受到世人的瞩目，大家可以对相关的情况进行检验，各国天文学家将共同庆贺勒威耶理论研究的第二次伟大胜利。"更实际的是，新发现带来了最纯粹的"恭维"——有人冒出来声称是自己最先发现了祝融星。本杰明·斯科特（Benjamin Scott）是伦敦的一位贵族，也是活跃的天文爱好者。他写信给《泰晤士报》，声称自己早就发现了水内行星："在 1847 年仲夏时节"日落时分，瞥见了这颗与金星视直径相当的候选体。

　　斯科特的"发现"，只被报道于与一位皇家天文学会成员的对话中。这份报道几乎算不上严肃，但专业的天文学家们很想知道自己是不是又一次错失了首先发现新行星的机会。苏黎世天文学家鲁珀特·沃尔夫（Rupert Wolf）长期痴迷于研究太阳黑子，他回顾了自己和其他人的太阳观测，试图寻找其中存在的潜在错误——祝融星凌日可能被他错误地当成了不起眼的黑子。他总结并发表了 21 种可能性，同时寄送给了勒威耶本人，强调其中 4 个目标与莱斯卡尔博的发现最为接近。

沃尔夫的列表引起了其他天文学家的注意。J. C. R. 拉道（J. C. R. Radau）利用沃尔夫找到的两个候选体的数据改善了祝融星的单次观测记录结果。拉道曾联合其他天文学家一起抗议"莱斯卡尔博医生延迟发表重要的观测结果"。但在怒火消退之后，他就立即进行了详尽地分析并提出，天文学家开展祝融星下一阶段的研究需要预测下一次可观测的凌日现象。拉道假设沃尔夫的两个候选体与莱斯卡尔博看到的目标是同一个天体，并于 3 月初发表了他的预测结果：下一次祝融星凌日应该发生在 3 月 29 日至 4 月 7 日之间。

拉道预言的凌日现象可以在南半球进行观测，那里的天文学家已经为发现的时刻做好了准备。维多利亚天文台台长埃勒里（Ellery）先生对太阳进行着严密的追踪：每隔半个小时观测一次。马德拉斯观测站的站长坦南特（Tennant）少校做得更好，他报告称"3 月 27 日到 4 月 10 日之间，每隔几分钟就监测一次太阳的圆面"。悉尼天文台的斯科特（Scott）先生同样也开展了搜索。埃勒里总结了上述三个地点的观测的结果：由多方进行的行星追捕活动一直持续到了预测的祝融星凌日时间结束，但都"没有成功"。

尽管观测失败不是好事，但还算不上致命。很显然，从一开始就很难对祝融星进行观测。否则，任何水星尺寸的大天体都早已被观测到。这就是为什么勒威耶曾一度认为水星轨道内存在的更有可能是小行星带，直到莱斯卡尔博的报告才让勒威耶对单个大行星重新燃起希望。不过虽然莱斯卡尔博看到的天体要大于绝大部分小行星——他的记录显示新天体的直径相当于水星直径的二十分之一，但这样大小的天体仍不可能充分解释勒威耶所发现的水星近日点进动。莱斯卡尔博本人在突然成名之后就从公众的视线里消失了。1860 年的荣耀并没有改变他的习惯，他终其一生都是一名乡村医生和天文爱好者。在勒威耶来访之后，他也没有对水内行星做过进一步声明。

　　但是职业天文学家必须解决问题。基于一次或有限几次观测计算出的祝融星轨道充其量只是近似结果，出错的可能性很大。对勒威耶和他的很多同行来说，对祝融星凌日观测的失败只是再一次说明，仅凭有限的数学技能和经验从事天文学研究是相当困难的事。但这不会改变对其进行搜索的必要性：水星还在进动，无论原因多么奇妙，都有待被发现。

　　时光飞逝。

　　19 世纪中叶，英国曼彻斯特自诩为智慧与财富兼具之城。1861 年，这座城市通过主办英国最大型的知识庆典活动——英国科学促进协会年会，展示了它的智慧和富有。当时，查尔斯·达尔文（Charles Darwin）出版《物种起源》还不到两年的时间，进化论的影响通过一次次学者集会持续发酵着。在曼彻斯特的这次年会上，达尔文的捍卫者们准备对抗宗教界的质疑者。一位发言人，"盲人经济学家"亨利·福西特（Henry Fawcett）做了最后的声明：达尔文是真正的科学英雄，他用来解决问题的方法和进行实验、观察、归纳的步骤，与牛顿本人在他的物理学中用到的完全一样。

年会上还讨论了很多别的内容。例如改进挖掘机械，关于新西兰鸟类的报告，以及热气球委员会的新闻。天文学分会相对安静。但大体来说，年会反映了维多利亚时代的好奇心：专业工作者和业余爱好者普遍都充满了持续的、共有的激情。因此，曼彻斯特的民间科学爱好者会挑战新行星的课题也就不足为奇了。

1862 年 3 月 20 日上午，"一位来自曼彻斯特的拉米斯（Lummis）先生"通过一架小望远镜对太阳进行了数分钟的观测。据发表在《天文学登记》（*The Astronomical Register*）上的正式报告称，拉米斯"在上午 8 点到 9 点之间观测太阳时，注意到一颗黑子在快速移动"。这一目标太令人吃惊了，因此拉米斯又叫来了一位目击证人，他们"都注意到观测目标呈现出清晰的圆形"。在开始当天的日常工作之前，拉米斯跟踪了那个目标 20 分钟。之后他再回到望远镜前的时候，目标消失了，"但他对目标没有一丁点儿疑问"。拉道和一位同事对计算工作已驾轻就熟，他们再次计算发现，即使没有足够的数据来完全解决问题，拉米斯的发现至少与莱斯卡尔博的发现是相容的，可能他发现的就是祝融星。

对此，不少人持怀疑态度。美国人克里斯蒂安·H. F. 彼得斯（Christian H. F. Peters）和德国人古斯塔夫·施波雷尔（Gustav Spörer）是两名专业天文学家，他们认为拉米斯"发现"的只是寻常的太阳黑子。但包括勒威耶在内的许多人坚持认为，对它进行持续的追踪最终将证明它就是祝融星，利用这些观测结果至少能粗略地估计它的轨道。到 19 世纪 60 年代中期，《天文学登记》似乎认为问题已经得到解决，在其上刊发的《行星描述》中，把祝融星（并未说明是由莱斯卡尔博还是其他人发现的）列为太阳系最内侧的行星。

然而事情很快变得越来越复杂。越来越多的目击报告纷至沓来，有些来自权威的观测者，也有些来自普通人。1865 年，一位毫不起眼的名为孔巴里（Coumbary）的人写信给勒威耶，报告了他（显然是位顽固的拜占庭人）在君士坦丁堡所观测到的细节。他的望远镜架设在伊斯坦布尔 [①]，他从这台望远镜中观测到一处独立运动于一群太阳黑子之外的黑斑，他追踪了这个目标 48 分钟，直到它消失在太阳边缘。勒威耶公开支持孔巴里的报告，虽然他不认识这位通信者，但从孔巴里的信息看来，这位先生"既严谨又真诚"。1869 年，美国艾奥瓦州圣保罗市的四位日食观测专家（在当时的记录中，极不情愿地提到其中一位是女士），"在距离太阳边缘相当于月亮直径的距离上

---

① 伊斯坦布尔是土耳其的港口城市，拜占庭和君士坦丁堡均是其旧名。——编注

看到了肉眼可见的小目标"——至少还有两个人也看到了同样的目标,其中一位使用了望远镜。

对那些认为在逻辑上特别有必要找到祝融星的人来说,这些观测报告的涌现特别令人欣慰:不是用于证明祝融星的存在,而是在已有图景的基础上持续地积累信息。尽管令人沮丧的是,不会再有发现海王星那样的特殊时刻了,但考虑到问题本身的困难,因此每一次的短暂一瞥都极为重要。那些真诚而严谨的观测者将他们的报告一封接一封地寄往巴黎。就像《纽约时报》所说的那样,"只言片语的正面证据压倒了大量的反面证据"。尽管发现的希望持续增加,但在系统性的搜索面前,祝融星仍然行踪不定。

本杰明·阿普索普·古尔德(Benjamin Apthorp Gould)有着完美的波士顿血统。他的父亲是波士顿拉丁学校校长,爷爷参加过独立战争,他本人则 19 岁(1844 年)就从哈佛大学毕业。之后,他撇开血统,摆脱家族的控制前往欧洲。他曾就职于格林尼治、巴黎和柏林的天文台,当时人们刚刚知道太阳系中海王星的存在。他在哥廷根大学学习数学,1848 年成为第一位获得天文学博士学位的美国人,那时他才 23 岁。他在 1849 年回到波士顿,惊骇于自己国家的研究水平之低,便立志改变美国的天文学研究状况。对整个天文学学科未来最重要的是,他是 19 世纪 60 年代最早掌握天文摄影新技术(这种技术将照相机和望远镜结合在一起)的研究者之一。

古尔德在前去观测 1869 年的日食的时候,随身带上了自

CLEAR FOR ACTION.

1869 年 8 月，来自加拿大日食观测队的天文摄影师在他们位于艾奥瓦州的观测站

己的相机（天文爱好者在那次日食中发现了疑似祝融星的天体）。他当时住在艾奥瓦州伯灵顿市，在密西西比河右岸工作。他的研究目标包括太阳的日冕——这是太阳的外层大气，只能在日全食的时候见到——以及尽可能精确地搜寻这个太阳附近的区域，寻找水星轨道以内的天体。在日食期间，他和他的助手拍摄了 42 张日食照片，他还观察了全食带上的其他人拍摄的 400 张照片，最终却一无所获。

　　古尔德把他的结果发给巴黎科学院的伊冯·维拉索（Yvon Villarceau）。他在报告中做了基本的估计：在日食暗影里，能足以引起水星进动的行星，其亮度应该和北极星一样；而北极星是一颗 2 等星,肉眼就能看到。[①]古尔德写道,他的照相设备足够敏感,可以探测到亮度低至肉眼可视极限的目标,而这一极限远低于祝融星的发现所需。因此,他的结论是:"我相信,这项研究排除了由一颗或多颗内行星造成的水星近日点运动这一假设。"他说他已经看过了,祝融星不在那里。

然而,别太早下定论,维拉索在发表古尔德的信件时也加以注明了自己的观点。他认为没必要完全接受美国人的结论。比如说,有可能存在既提供影响水星所需要的引力,又避开了人们的观测的小行星。换句话说,问题仍然存在。水星还在摇摆,在牛顿的宇宙体系中,它的运动依然需要像祝融星这样的天体来解释。正如老话所说,证据缺失不能证明证据不存在。

其他人同意维拉索的补充。威廉·F. 丹宁(William F. Denning)是英国维多利亚时代公认的最伟大的业余天文学家,他因最先完成了对英仙座流星雨运动的完整分析而成名。直到今天,每年我们都能看到英仙座流星雨,它始于 7 月末,直到 8 月中旬达到高峰。流星固然是最令他着迷的,但像祝融星这样的特殊问题也吸引了他的注意力。他当仁不让地担负起组织工作,利用他的影响力发起了对凌日现象的系统搜索。下一个观测窗口是 1869 年 3 月和 4 月。他说服了其他 15 位观星爱好

[①] 对天体的光度划分可以追溯到古希腊时期,那时的天文学家基于不同恒星亮度的大致视觉差别对光度进行了划分。一开始以北极星作为标准,它的星等是 2。数值越小(可取负数)代表越亮。从地球上看,太阳的星等是 −26。在现代的定义中,1 等星 —— 比如心宿二或角宿一 —— 的光度比 6 等星要亮 100 倍。6 等星是肉眼可见的最暗的星。

者对太阳进行"持续观测，重新发现水内行星祝融星"。

可是祝融星顽固地拒绝出现。

第二年，丹宁招募了一个 25 人的团队，试图继续在 1870 年春季的凌日事件中寻找隐藏的行星。在 1871 年，他又组织了一次这样的观测。在征集志愿者的时候，他宣布自己的目标是一劳永逸地解决这个问题。"一切理由都表明，"他写道，"搜索工作即便一时没有成功，最终也会圆满结束。"搜索的确该结束了。经过三次认真的尝试后，他看起来有了结论：自己对此已经无能为力了。他没有再重复号召搜索工作。那些跟随他一起工作的天文爱好者们也转而从事自己更感兴趣的工作去了。

这是自莱斯卡尔博的目击报告发布以来，对祝融星这一目标进行的最大规模的系统性搜索，丹宁的零收获也让祝融星问题陷入困境。水星奇特的运动方式仍然需要被解释。勒威耶和他的才华不容置疑。没有人怀疑他的计算，也没有人会这么想——19 世纪 80 年代有人再一次研究了水星近日点进动，确认了勒威耶的结果，甚至偏差的数值更大了一些。对可能的候选体一次又一次的目击报告提供了诱人的暗示——然而搜索工作已投入了 10 年，最严谨的观测者也一无所获。接下来该怎么办？

一个明显的出路是，需要具有更强数学能力的祝融星搜寻者。人们可能只是在简化计算过程中产生了错误，对祝融星轨道参数进行的太多不够精确的假设使得计算出的凌日时间可能是错误的。普林斯顿的斯蒂芬·亚历山大（Stephen Alexander）告诉美国国家科学院的同行，他重新计算了祝融星的轨道参数，得到的结论是："应该存在一颗或一群行星，它（们）距离太阳约 2 100 万英里，围绕太阳运动的周期是 34 天 16 小时。"换言之，我们过去可能是在错误的地点，或是在错误的时间进行了搜索。祝融星只是隐藏起来了，逃脱了我们的观测，并非不存在。

斯蒂芬·亚历山大的声明似乎得到了确认。海因里希·韦伯（Heinrich Weber）——一位受过专业训练的职业天文学家——从中国的东北部发来消息说，他在 1876 年 4 月 4 日看到了黑色圆斑凌日的现象。鲁珀特·沃尔夫是研究太阳黑子的权威人士，也是一位祝融星爱好者，他将同事（韦伯）的消息发往巴黎，兴奋得就像是自己取得了胜利一样。他告诉勒威耶，"在莱斯卡尔博和韦伯的观测之间，祝融星恰好围绕太阳走过了整整 148 个周期"，而他多年前就算出过这个数值。

新消息迷住了勒威耶，也激励了另外一群行星搜寻者——他们比职业天文学家更为热情。历史学家罗伯特·方坦罗斯（Robert Fontenrose）曾说："每个拥有望远镜的人都在寻找祝融星，有些人找到了。"那段时间，《科学美国人》（Scientific American）杂志急切地宣布每一次新的目击"发现"：从新泽西州的"B. B."到马里兰州的塞缪尔·怀尔德（Samuel Wilde），再到圣贝纳迪诺（San Bernardino）的 W. G. 赖特

（W. G. Wright），甚至还包括已经过世了的目击者——一位牧师回忆，约瑟夫·哈伯德（Joseph S. Hubbard）教授"一再保证他已经用耶鲁大学的望远镜看到过祝融星"。那年秋天，没有一封邮件的寄送者不是在声称自己见到了祝融星。最后，《科学美国人》无可奈何，自1876年12月16日那期杂志起，拒绝再刊登任何有关目睹祝融星的消息。从1859年开始，有关祝融星的疑问就一直起起伏伏，偶然的发现和看上去结果一致的计算把问题推向高潮，难以成功的验证又让问题跌入谷底。至此，尽管《科学美国人》的编辑已经厌倦了如潮水般的观测见闻，但来自中国的权威观测报告和吻合的数字计算又把问题的热度往上推。如果观测质量没有问题，祝融星问题似乎已经得到了解决。

大众出版物也都这样认为。1876年年底，《制造商和建设者》（The Manufacturer and Builder）说："天文学教科书将要再次被修订，我们已经不再怀疑水星和太阳之间存在着一颗行星了。"同年秋天，《纽约时报》甚至毫不犹豫地中断了对海斯（Hayes）和蒂尔登（Tilden）的总统竞选报道，断言对水内行星的任何残存的怀疑都源于行业内的嫉妒，"保守的天文学家们说：'祝融星很可能存在，但某某教授总是看不到它'"——《纽约时报》认为这纯粹是意气之争，还补充道："他们带着轻蔑的嘲笑暗示，喝太多的茶可能会'捉弄'想象力。"

报纸宣称，现在这些太过聪明的学者们都将很快得到报应。为什么？因为紧随着韦伯的报告，巨匠勒威耶本人也振作起来了。《纽约时报》写道:"不能怪罪预知了海王星的这位大师混淆了突如其来的苍蝇和真正的行星。在他坚信自己不仅发现了祝融星,而且还计算出了轨道参数,并安排了凌日现象的观测以击溃(那些声称没有看到祝融星的)天文学家时,这场讨论就已经终结了 —— 祝融星是存在的……"

《纽约时报》至少说对了一件事。勒威耶把注意力转向其他问题几年之后,的确又回到祝融星问题上来了。沃尔夫的消息点燃了他对这颗行星的热情,他开始再次全面地检查与祝融星有关的所有细节。从另一份上溯至 1820 年的目击记录开始,勒威耶注意到,在 1802 年到 1862 年之间,其中有 5 次记录看起来就像是对同一颗行星的 5 次重复观测。这让他建立了关于这颗行星的新理论,并且做出了令《纽约时报》评价甚高的预言:在 10 月 2 日或 3 日可以观测到祝融星凌日现象。

头条新闻的作者要失望了。10 月初,祝融星并没有划过太阳表面。更令人困扰的是,韦伯来自中国的重要消息真相大白了:两幅由格林尼治天文台拍摄的照片清晰地显示,韦伯发现的"祝融星"只是太阳黑子。《科学美国人》称这是对最新"发现"的"致命一击"。但是,与历史上探索祝融星所经历的其他挫折一样,尽管这一打击降低了韦伯发现的影响力,但并非是毁灭性的。勒威耶将计算所需的数据转向了更早的观测记录,不再采用韦伯的数据。有一种可能性可以解释为什么凌日现象预报有误,那就是祝融星轨道的倾斜程度比之前假设的更大。因此勒威耶的断言中留有退路:1877 年春天可能有机会在太阳表面观测到祝融星，但是由于这颗令人无法忍受的奇怪行星的轨道有太多种可能性，也有可能在接下来五年甚至更长时间内都不会发生凌日现象。

1877 年 3 月没有发生凌日现象。关于祝融星，勒威耶没再多说什么。到这年的 3 月 11 日，他就 66 岁了，他感到精疲力竭。早在一年之前，他就发现自己已经不能参加每周的科学院会议，也无法每天去天文台了。一段时间的休息似乎对勒威耶有所助益——他在 8 月重新回到办公桌前。但疲劳掩盖了他真正的麻烦，他患了肝癌。

有证据显示，勒威耶不是虔诚的信教者。虽然在天主教同事的催促下，他于 6 月底接受了圣餐礼，但那似乎是他愿意承认传统虔诚观念的极限。夏天结束的时候，他知晓了自己的病情。在 9 月 23 日，也是距年轻的伽勒在柏林的夜空中发现海王星 31 年后，勒威耶的生命走到了最后一刻。

与他在太阳系中的发现相比，他留下的探索空间更为广阔——人类对太阳系的认识比过去更好，但也有更多的未解之谜，例如祝融星问题。所有其他天体的行为都能通过牛顿学说得到令人满意的解释，因此可以肯定地说，祝融星问题的答案一定不在星辰之中，而是隐藏在人类的无知中。

第 7 章

"躲藏了这么久"

1878 年 7 月 24 日，怀俄明领地罗林斯

这位来自新泽西州的人听说过神秘的西部传说，但这是他第一次有机会眼见为实 —— 至少现在，他正坐在舒适的火车车厢里仔细地观察着。他旅途的目的地是罗林斯。火车行进在联合太平洋铁路上，抵达并且穿过这个小镇。到现在为止，他眼前展现的尽是观光客眼中的边境风光。他写道："这片土地依然原始，车窗外终日可见大量的猎物，尤其是羚羊。"

抵达酒店后，西部的感觉更是强烈了。晚上他和室友在酒店中安顿了下来，"雷鸣般的敲门声吵醒了我们，打开门，一个西部风格的高个儿英俊男人走了进来"。询问之后才发现，这位来访者并不完全清醒，他介绍自己是德州杰克（Texas Jack）。酒店老板赶来，试图劝说杰克安静一些 —— 他因为感到不舒服而在门厅来回走动。平静下来后，杰克"解释他是西部最好的神枪手……正说着，他突然掏出一支科尔特手枪，

瞄准窗外货站的风向标并开枪击中了它"。

　　其他客人一窝蜂地赶过来，挤到房间里看看中枪的人是谁。他们没看到尸体，只看到屋里的人都还算镇静，很快就都走掉了。这位得克萨斯人明显想要和这两位旅行者聊一聊。最后，他们承诺第二天早上和他会面，杰克才停了下来，两位初来乍到的客人才得以回到床上。

　　但他们都没了睡意。他们与传奇西部的第一次接触"相当惊悚"，可以理解的是，没人能确定"这次来访将会发生什么"。他们无法安心，"太紧张了，整夜都睡不着"。第二天早上，两位旅行者在镇子上发现德州杰克"不是'不法之徒'"，终于放心了下来。因此，这两位来自新泽西州的旅行者重新将关注点放在他们到西部要做的工作上面。1878 年的大日食将在 5 天之后"造访"罗林斯，一群科学家正在争分夺秒地为观测做准备。他们当中，就有德州杰克迫不及待要见的那位旅行者，也是那个时代最伟大的发明家——托马斯·爱迪生。他到这里来是想测试他的最新发明。

　　1878 年 7 月 29 日的日食，日食带路径从西伯利亚经过白令海峡进入阿拉斯加，又移动至加拿大西部，再抵达美国。美国本土的全食带从落基山脉北部跨越怀俄明，然后向东南方向移动，进入墨西哥湾，最终止于海地东南部。在日全食阶段，月亮完全遮挡了太阳表面，因此暗弱而美丽的日冕与靠近太阳边缘的暗星都将显现出来。这次日食中，西伯利亚上空所经历的全食阶段最长，持续时间约为 3 分 11 秒①。出现在罗林斯的全食时间仅 2 分 56 秒，但这个位置有重要优势：十年前修建的横贯美国大陆的铁路就在全食带附近，这意味着天文学家可以携带着他们的笨重设备搭乘火车前往最佳观测点，在过去这是不可想象的奢侈方式。

奢侈可能是有点夸张的说法。怀俄明成为美国领土只有十年时间，这与铁路的修建时间相同并非巧合，这个地方依然是美国的前哨②。黑山战争——其中一场战役是小比格霍恩战役——已于一年前结束。1879 年，驻扎在怀俄明斯蒂尔要塞（Fort Steele）的军队还要出击犹特人，这些犹特人反抗白人入侵了他们的领地，斯蒂尔要塞的指挥官就死于那次战斗。就在 1878 年的夏天，日全食过后，这位指挥官还陪爱迪生打过猎。

换句话说，爱迪生有理由感到不安。和他一样，大家都从遥远的东部来到这里，这个原始、周边土壤干燥的罗林斯，位

①　这不算令人印象深刻的事件：考虑所有变化因素，太阳和月球的相对大小，地月系统环绕太阳的轨道以及月球环绕地球的轨道，计算得到的日全食持续时间最长大约为 7.5 分钟。

不是永远都能看到日食。在潮汐作用影响下，地球和月球之间的距离在缓慢增加，速度约为 2.2 厘米／年。大约 14 亿年以后，月球将离开地球足够远，以至于它看起来实在太小而无法遮挡太阳。

如果月球与地球之间的距离足够遥远，它将独自在太空中漂流，就会有非常不同的景象。相关的幻想可以阅读伊塔洛·卡尔维诺（Italo Calvino）的《宇宙奇趣》（Cosmicomics）。

②　值得注意的是，怀俄明于 1868 年并入美国，1869 年成为美国第一个允许女性投票的地区。（编者注：1890 年，怀俄明领地成为美国第 44 个州，即怀俄明州）

于边境地带 —— 就在差不多一个星期之前，这个地方才刚刚被称为美国天文学研究圣地。从怀俄明领地，经科罗拉多州，再到得克萨斯州沿途，联邦政府投入了 8 个兵营以协助科学家追踪日食。与爱迪生的逻辑一致，几个研究团队都选择了罗林斯地区：这里交通系统完善，在携带全方位现代观测仪器可抵达的地点之中，是日全食持续时间最长的地方。这些来到罗林斯的人会收获他们期待中的战利品吗？太阳系的神秘之处还没能完全破解：如果祝融星存在，能被看到吗？

亨利·德雷珀（Henry Draper）由内科医生改行，成为天文学家、天文摄影方面的先行者，由他领导的观测队是来到这个镇上的所有观测队中最庞大的一支。爱迪生加入了德雷珀的队伍，因为他想要实现自己的一个技术目标。他要测试一种叫作微压计的设备，这种装置对红外辐射很敏感，爱迪生想要用它探测来自日冕的暗弱红外辐射。诺曼·洛克耶（Norman Lockyer）同爱迪生一道来到这里，他可能是这群人中最出名的科学家。作为《自然》杂志的创始人，他还是率先使用光谱仪这种新技术的先驱之一。1868 年，他注意到太阳光谱中的明亮的黄色光带，这让他识别出了氦元素的存在 —— 氦元素首次在地球以外、人类双手无法触及的地方被发现。在这群来观测日食的人中，有一位是肩负使命而来，他就是安阿伯天文台台长詹姆斯·克雷格·沃森（James Craig Watson）。沃森观测过此前的两次日食，还发现过 20 多颗小行星。他来怀俄明的理由特别简单 —— 为了祝融星。在日全食期间，天色会瞬

1878 年 7 月，在怀俄明罗林斯观测日食的"日食猎人"们。图中右起第二位是爱迪生，第六位是詹姆斯·克雷格·沃森

间变暗并持续数分钟。每一个天文学家都知道，这是观测水内天体的完美时机。

沃森有一位同伴，或者说对手——来自华盛顿美国海军天文台的西蒙·纽康（Simon Newcomb），他因继勒威耶之后对太阳系做了杰出的计算工作而闻名，这次也为祝融星而来。他原本计划在克雷斯顿镇观测日食，那里位于罗林斯以西约 30 英里。但他的助手对这个观测地点做了测试，发现"这里猛烈的西风席卷而来，难以固定观测设备"。问题不仅仅在于风力的强度，而在于此处位于落基山脉的雨影区，怀俄明一带的山坡系沙漠高地，即便风力为中等程度，风吹来时也会扬起浓尘，将日食变成一场皮影戏。

　　纽康的侦查员转而沿着联合太平洋铁路公司的路权沿线向东走，朝着罗林斯以西大分水岭盆地的方向进发。铁路从夏延（Cheyenne）和拉勒米（Laramie）向着高原缓慢爬升，沿途每隔几英里就有一处瞭望哨。其中一处瞭望哨到罗林斯和克雷斯顿的距离相等，是个毫不起眼的地方。在联合太平洋铁路的地图上，这个地方标记为怀俄明塞帕雷申（Separation）①。

　　最繁华的时候，这里也只有一间电报室，几间简陋的房子和一座水塔。今天想要找到它曾经的位置，你必须沿着 80 号州际公路向南，经过罗林斯再行进 13 英里。现在那里空无一物，你无法想象人们曾经在此居住。但在 1878 年，纽康的助手发现那里"有一块长约 50 码②的开阔平地，比周围的地势低一些，西侧和南侧有近乎垂直的矮墙，高约 10 英尺"。纽康与助手几天之后在此会合。他的观测队一共架设了四台望远镜，其中一台用于天文摄影；还有一台配有两个精密计时器，专门用于搜索祝融星。

1878 年 7 月 21 日

　　一直以来，日食观测者都担心观测时的天气状况，现在也是如此。在塞帕雷申住过几天之后，人们发现了规律：在怀俄明南部，上午天空晴朗无云，但到了下午云就堆积上来——

----

① 联合太平洋铁路沿线上位于怀俄明领地内的一个小火车站，目前尚未见中文译名，此处为音译。——编注

② 英制长度单位，1 码 = 91.44 厘米。——编注

而日食就发生在下午。不过还是有一丝希望，因为云出现的时间一天比一天晚。但谁也说不准 29 号那天会如何。

除了天气以外，日食发生的时刻稍纵即逝也是日食观测者的另一个噩梦。天文学测量很难在受控的实验室和装备良好的天文台进行。塞帕雷申的研究者们要捕捉的是暗弱的、微小的、高度不确定的观测目标，但他们精密、复杂的设备被架设在海拔 2 150 米、高低起伏的沙漠里，还要在不足三分钟的时间里确保一切都正常。随着日食的临近，德雷珀和纽康的团队气氛都愈发地紧张，用紧绷的神经对抗着怀俄明夏季的风。

7 月 29 日，黎明时分

对那天早晨最著名的报道当属夏延的《太阳日报》(*Daily Sun*)。报道称，那天的天空"平静而晴朗，干净得就像没有吃过午餐的餐桌桌面"。在塞帕雷申以西几英里的地方，利奥波德·特鲁夫洛（Léopold Trouvelot）将他的观测仪器架设在废弃的定居点遗迹上，印证了报纸的报道。29 日黎明，"太阳从远方盐碱地的地平线上升起来，天空晴朗而明亮，深蓝色的天空中万里无云，头顶上只有纯净的空气"。

但这样的光彩却没能持续下去。上午 8 点，特鲁夫洛和他的团队正在吃早饭，他们"发现自己身上和盘子里全都是沙尘，那是随着大风从墙缝中灌进来的"。塞帕雷申的天文学家们也吃了一盘子尘土。纽康的报告中称："午前我们遇到了最强劲的风，它从西面刮来，越来越大，直到日食临近。"飞扬的尘土遮蔽了天空，在太阳周围形成了"讨厌的光晕"。中午时分，遭遇沙尘暴的天文学家们寄希望于他们的观测设备能得到遮蔽以躲过一劫，但没能如愿。为了对抗狂风，团队成员急切地向附近军事要塞的士兵寻求帮助，士兵们竖起了铁路的防雪栅栏。但绝望几乎没有得到缓解，"士兵们需要全神贯注地维护栅栏，即便是那样，还是有一些被风吹倒"。

就在他们应对这场冲突的时候，塞帕雷申分队迎来了两名新的观测者，他们开着特制的汽车从罗林斯一路来到这里：英国人洛克耶决定撤出罗林斯，和纽康一样打算寻找祝融星的沃森教授也是如此。无论纽康感到多大的压力，他始终保持着优雅。他理智而又大方地邀请沃森在自己的望远镜旁边架设望远镜。如果他俩中的一个看到了水内行星，另一个人正好可以一起验证。

但这只是他们的一厢情愿。日食极为无情，通常执行每一步行动只有一次机会，操作计划越是复杂和精细，就越是可能出现致命的错误。就在日食开始 10 分钟前，纽康的望远镜率先沦陷了，转仪钟失效了，"无法继续正常使用"。这意味着，观测尚未开始便迎来了结局。下午 2 时 03 分 16.4 秒，日食的初亏（月亮的圆面与太阳边缘相切的那一瞬间）阶段还是无情地到来了，纽康放弃了用机械设备辅助调试，而是手动控制望远镜的指向——他选择了倍数很高的目镜，所以视场特别小，这让纽康很难确定日食真正开始的时间。

一期以奇特的日全食景象作为封面的《哈珀周刊》(*Harper's Weekly*)

下午 2 时 45 分，距离日全食还有 28 分零几秒

　　日食的节奏有紧有慢。初亏让所有目击者都把心提到了嗓子眼，但接下来大家都有些懈怠。距离月亮和太阳边缘第二次相切大约还要一个小时的时间，全食阶段从那个时候才正式开始。在此期间，观测不到什么特别明显的变化，一半太阳照耀世界的效果和整个太阳没有什么不同。慢慢地，一些"超现实"的场景开始上演。比如，在偏食发生的阶段，树冠变成了暗箱（camera obscura）：从树叶间的空隙透过的阳光，投影到地上呈现出月牙状。

从很大程度上来说，日食开始的最初半小时左右，世界不会有什么变化——除非你凝视太阳，那样你将看到一条诡异的黑色曲线在太阳的圆面上穿过。[①] 就在人们即将失去耐心的时候，全食阶段来临了。最奇特的是，整个世界的色彩变化了，没有日落的迹象，但随后天色变暗了。充满阳光的天空一下子变得黯淡，仿佛太阳真的突然坠落了。随着全食越来越接近，这种效果愈来愈强烈。当出现这些景象时，就是日食发生了。

经验丰富的日食观测者在这个时候都避免分心。大约2时45分，西蒙·纽康躲进他的临时暗房，检查计划中的天文摄影工作，他一直在里面待着，直到距全食开始还剩三分钟，大约3时10分的时候，才再次出现。他将目光投向变色的天空，走到已经站在望远镜前的詹姆斯·沃森旁边。

另一个人以秒计时，大声喊出每次相切和全食开始的时间。沃森和周围的人一样，都已经对自己的计划做过了预演。他是十分谨慎的观测者，极力避免过多的野心，他只想研究太阳边缘的黑暗窄带，"从我之前的经验来看，我决定不要去扫描太大的空间。"他记住了那片天空区域中的恒星，但仍然在

---

① 直接用肉眼通过望远镜看日食的偏食，对眼睛的损伤极大，甚至可能会导致失明。参见美国国家航天局（NASA）的日食观测安全指导：http://eclipse.gsfc.nasa.gov/SEhelp/safety.html。更多细节可以了解：http://eclipse.gsfc.nasa.gov/SEhelp/safety2.html。个人日食观测指南参见：http://www.exploratorium.edu/eclipse/how.html。

观测时带了一份星图以确保万无一失，避免错过发现。如果可以找到祝融星，他已做好了将它收入囊中的准备。

下午 3 时 13 分 34.2 秒，日全食

一听到喊声，詹姆斯·沃森便将太阳锁定在视场中心。从那里开始，他慢慢扫向东边。根据他预先计划的搜索方式，他将望远镜向下移动 1 度，再反方向移动，每次覆盖 8 度的天空。在他扫描第一遍的时候，他辨认出一颗熟悉的恒星，鬼宿四（Delta Cancri）。他将望远镜重新指向太阳方向，再往西边重复扫描，另一颗巨蟹座的恒星鬼宿一（Theta Cancri）出现在视野里。就在那个方向上，沃森在刚开始扫描不久就发现了一些新东西。他写道，在已知的恒星和太阳之间，"稍偏南处，我看到一颗红色的星，我估计它的视星等是 4.5"。这颗星绝对要比鬼宿一更亮，沃森补充道，"而且一定不是彗星，因为它没有呈现出任何拉长的形态。"

那颗星没在他的星图上。一个新天体，没有尾巴，所以不是彗星。排除掉彗星的话，这颗陌生的天体会是……

沃森来怀俄明时带着一套自制的装备——用厚纸板做成的同心圆盘——用于标记可能发现的神秘天体的位置。他将未知的天体标记为"a"，记下时间，然后回到望远镜前。将望远镜调低 1 度，第二次扫描西侧天空，另一颗陌生的恒星出现了，但是此时食既已经过去至少两分钟了。沃森只有一个选择：用已知的恒星充当路标，然后在他已有的粗略记录上标出

观测位置。时间一秒秒地过去,沃森潦草地记下第二个未知天体的位置,标上"b"。

在几码开外,纽康用了一分多钟的时间观测日冕——肉眼可见的部分在天空中延伸的距离远至太阳直径的 10 倍。明亮的光线穿过暗弱的天空,他时不时停下来记录这些所看到的特征。随后纽康转过身来使用他的第二件设备:它的任务是搜寻祝融星。他没有想到会面对这样的困难:"天空还是太亮了,遮掩了暗弱的天体,除非你用眼睛直接盯着它。"他在第一次搜寻中除了看到几颗熟悉的恒星之外一无所获,而这些恒星已全都在星图上了。进一步扫描,他看到了很多亮点,"但没有一颗是星图上没有的"。全食阶段接近尾声了,他打算最后再赌一把,进行"随机的大范围扫描,凭运气看看能否发现目标"。一颗星在最后关头跃入他的眼帘。在全食即将结束的最后时刻,他将望远镜瞄准了这颗星,以确定它的位置。

1878 年日全食期间的日冕图像,西蒙·纽康绘制

下午 3 时 16 分 24.2 秒，生光，全食阶段结束

月亮的圆面从太阳表面划过，世界重见光明。

这种感觉有点不公平，就好像你只被准许看一眼一个全然不同于现实的新奇世界 —— 打开衣柜的门看到纳尼亚森林的国土，又或是突然看到九又四分之三站台上的火车。然后，随着月牙状的阳光出现，世界越来越明亮，正常的世界重新回到人们眼前。日冕消失不见了，所有全食阶段看到的恒星都迅速隐去了光芒。阳光回到了塞帕雷申的上空。沃森没有时间了，他没有为"b"目标找到任何参考星。现在，他抱着一丝希望跑向纽康，"希望纽康在阳光太明亮之前找到我第一次观测到的陌生天体" —— "a"，位于鬼宿一附近。

纽康没有做到。他还在确认自己在最后一次大范围扫描时位于太阳以北的那颗天体位置。沃森迅速冲回自己的设备。情形不妙！沃森已经无法再看到他的候选体中的任何一个。纽康后来确认，他发现的候选体只不过是一颗熟悉的恒星，他补充道："显然现在最遗憾的就是，我没能放弃自己的目标转向沃森教授的那个。"

沃森看起来并不介意。就算没有纽康的确认，他也不怀疑"a"的存在："我确信在鬼宿四附近看到那颗星，因此用电报发布了这个结果。"《拉勒米前哨周刊》（*Laramie Weekly Sentinel*）热情洋溢地报道："来自密歇根州安阿伯的沃森教授承担着**寻找祝融星**的工作，他在怀俄明的一个下午创造了历史 —— 他找到了。现在天文学家们都知道，沃森独自发现过

彗星、小行星、大行星等各种天体。"

　　祝融星！在勒威耶第二次依据计算预言新行星存在的 20 年之后，祝融星出现了——渺小的红色天体，中等亮度，恰到好处地在水星轨道之内围绕太阳运动。沃森的发现被宣扬开来，而刘易斯·斯威夫特（Lewis Swift）的一次目击也似乎确认了这一发现。刘易斯·斯威夫特是公认的优秀天文爱好者，他在丹佛附近观测了这次日全食。重大新闻立即传遍了世界。洛克耶就在塞帕雷申的第一现场，他给法国和英国的国家天文台都发了电报。英国媒体捕捉到了这个消息，同时，《纽约时报》的记者也几乎不放弃任何只言片语竞相报道。它于 7 月 30 日发布第一篇报道，其中简单提道："沃森教授发现了一颗水内行星，亮度是 4.5 星等……" 8 月 8 日的报纸上发表了沃森对祝融星的声明："我利用太阳和相邻恒星做参考，确定了这颗行星的位置，这种方法消除了可能的误差。"因此，他写道，"我很确定它就是一颗水内行星。" 8 月 16 日的报纸上又发表了对观测及其意义的长篇分析，其中写道："一次杰出的发现……祝融星，在躲藏了这么久之后，在一次又一次只给人们显露不确定的踪迹之后，终于被直接捕获。"《纽约时报》承认，对沃森和斯威夫特的结果，至少还需一次更为确定的观测来验证。不过，记者们的热情仍然很高。这份报纸称，这次发现"将在科学史上占据显要的位置"。

　　当然，还有一些问题需要注意。《纽约时报》的记者诚实地记录道："纽康、惠勒、霍尔登教授和其他人都没有观测到新行星。他们使用了相似的设备，在同样的观测地点，但是什么也没看到，这一情况的确不容乐观而且扑朔迷离。"但是《纽约时报》容忍了这一不足之处，并且迅速恢复了兴奋之情，认为没有收获的观测"不能动摇另一边的积极证据……"。这样的信心有利于文章成为头条热点，但却有失公允。几乎所有在怀俄明和美国狭长的全食带上望向天空的人，都没有看到像沃森和斯威夫特那样明显的结果。该相信谁呢？

紧接着，像这样的争论几乎在每一次有关目击祝融星的报道之后都会发生。沃森发现的祝融星究竟是新行星，还是"伪装"的普通天体？对此，沃森从来没接受过任何质疑。"目标'a'的位置没有误差，"他确定地说，"我同时看到了它和鬼宿一。"尽管几乎所有的日食观测者都没有看到目标"a"，但沃森对这些全无顾虑。他的理由很充分：任何能熟练操作高倍率望远镜的观测者，都"知道在那样的条件下搜索目标具有的不确定性"。事实确实如此。但即便是这样，他的说辞对长期寻找祝融星的人来说，还是老生常谈。有人看见了，但其他所有人都没看见。又是这样。

一开始，沃森的大部分同事都准备对此采取保留态度。他是专业的观测者，技术优秀，所以天文学界不愿意简单地认为他的发现是错误的。但是在同一时间将望远镜指向太阳的其他人都没有发现目标，这让大部分天文学家产生了动摇。最乐观的说法是，他们不确定该如何看待最新这次发现隐藏的行星。

有个别人不愿意屈服于沃森的名望。C. H. F. 彼得斯发现过 48 颗小行星，是小行星发现竞争中沃森公开的对手之一。他发表文章，猛烈抨击了这个最新的祝融星候选者，指控沃森犯了一系列基本错误。彼得斯质疑沃森用临时系统定位，他认为沃森不能可靠地评估目标"a"的亮度，并为沃森看到的天体呈现不寻常的红色提供了一种解释。沃森的每一步操作步骤都被彼得斯直率地挑出毛病，他近乎残酷地下了结论："因此，每个不带偏见的头脑都会清醒地认识到，沃森只看到了鬼宿一和鬼宿四，别无其他。"

彼得斯的报告充满了轻蔑和质疑。对此，沃森在正式为自己辩护的同时，还在回应中表达了愤怒的情绪："对于我的观测，彼得斯教授的所有攻击都没有太大意义，因为那些错误都是他自己的臆想。我不会再对这样的争执做任何回应，尤其是不会回应那些在我进行观测时身在两千英里以外的人。"沃森的同事在公开场合勉强支持他。《自然》杂志则指责彼得斯的语气，该杂志评论说："纵观彼得斯教授的批评……明显可以看到本该避免的敌意。"《自然》杂志看上去在彼得斯和沃森的对抗中表现得十分公正、不偏不倚，但其实在字里行间做出了清晰的判断。"我们敢说，大部分天文学家在第一次读到沃森教授的观测报告时都能感觉到……他若不是充分相信真相，是不会用他全部的科学声誉冒险向全世界发布这样的声明的。"重点在接下来这句："否则，如果在目标西侧不到一度的范围内的两颗已知恒星被当作新行星，这将是对发现真实性的致命反击。"

如此小心翼翼的话语虽然点到为止，但观点已经足够清楚。彼得斯可能非常粗鲁，但他大声说出的事迅速成了天文学界的一致意见：目标"a"和"b"只是两颗已知的恒星，在日全食观测的慌乱中被错误地识别为新天体，那一瞬间的肾上腺素涌动和内心对新发现的迫切渴望让观测者确信不疑。沃森当然不同意这个说法。在所剩无几的时间里，他从未撤回过关于发现祝融星的声明。1880 年的秋天，他突然感染疾病并于 11 月 23 日去世，年仅 42 岁。

随着沃森的离去，许多过去只敢窃窃私语的人现在可以大声发言了。还是老生常谈，祝融星只在某些观测者相信它存在的情况下被发现，但从未被确认过。天文学界很快达成了一致。沃森只是看到了他渴望看到的东西。他的"祝融星"仅仅是一次观测错误。

几乎整整 20 年前，祝融星被获准进入太阳系；1878 年的日全食又将它驱逐了出去。到了 19 世纪 80 年代，旧的想法被颠覆了：证据的缺失积累到一定程度，（几乎每个人都认为）的确缺乏证据。

1878 年 7 月 29 日，夜

托马斯·爱迪生几乎立即就知道他的实验失败了。微压计还不够灵敏，没能捕捉到来自日冕的红外辐射。但这个结果不会影响他的好心情，他告诉记者，这趟西部之行，是他16年以来的第一次度假，他准备好好享受，无论实验结果如何。

东道主们急切地想款待好他们著名的访客，但没有人能否认这个事实：爱迪生是这拓荒之地的新来者。日全食过后一两天左右，爱迪生和一些同伴乘火车前往塞帕雷申旅行时，他体会到了西部幽默。爱迪生随身带了一支温切斯特步枪，打算找机会打一些当地的野味。在车站时，这几位游客受到管理员约翰·杰克逊·克拉克（John Jackson Clarke）的欢迎。对于爱迪生一行的户外技能，克拉克写道："他们关于狩猎的知识加起来，和我对视差、光谱的了解一样多。"勇敢无畏的"猎人们"晚上零零散散地回来时，全部的收获就只有一只雀鹰。

爱迪生是最先回到车站的，他询问那附近有没有什么值得打的猎物。克拉克告诉他，在这周围有特别多的杰克兔——"当地人管它们叫长不大的骡子"。爱迪生又问在什么地方能找到它们，克拉克"指向西边，看见树丛中的空地上就有一只兔子，说道，现在这里就有一只"。

爱迪生从站台上看过去，辨认出兔子的轮廓，但他想确定地打中目标。于是他"小心地走到了距离兔子150英尺的地方，然后开了枪"。

那只动物毫无动静。他又向前走了50英尺，开了第二枪。

那只兔子还是没有跳开。他瞄准，扣动扳机，开了第三枪。

他的目标还站在地上。

爱迪生回过头，看到全车站的人都在站台上看着他。

他恍然大悟！

他被克拉克耍了。他的目标看起来像一只沙漠野兔，有着兔子的耳朵和兔子的腿，一切都像兔子。它正好出现在人们所期望的地方，但是……

托马斯·爱迪生，天才发明家，刚刚亲手谋杀了……一只毛绒杰克兔。

它看起来实在太像真的了。

插 曲

"解决问题的特殊方法"

借用 20 世纪的概念，1878 年日全食之后的祝融星，某种程度上成了薛定谔的行星。就像那只著名的猫一样，只要没有人真的看到它，水内行星就完美地"可能"存在着。它在那里，或者不在那里；被看到，或者没被看到；它的存在性在逻辑上顺畅自然，但是现实中无从寻觅。

令人困惑的问题依然存在。水星轨道异常依然无法为人所理解。西蒙·纽康是 19 世纪末太阳系问题研究方面最权威的学者。1882 年，他重复了勒威耶的计算，证明水星近日点的多余进动比勒威耶估计的还要大一点。但是在怀俄明的日食闹剧后，留给天文学家的余地不多了。祝融星，无论是单独的大行星还是一群小行星，都不再被当作水星异常的来源了。那么，水星异常的来源究竟是什么？

对科学而言，在现实中找不到预言对象的情况并不少见。

通过理论做出预言是理所当然的事。自从牛顿和他的同谋者完成了将自然数学化的科学革命，就意味着用方程组的特定解可以解释物理现象了。如果一种给定的数学表达式还无法对应真实世界的任何现象，这就是所谓的理论预言。从天王星的理论入手，我们发现了海王星。从水星的理论入手……如果得不到祝融星，那能得到什么？

当理论预言和自然界无法对应的时候会怎样呢？这在科学中是常有的事。举一个最近的例子：半个世纪以来，希格斯玻色子（Higgs boson）的存在与否一直是谜团。希格斯粒子是量子化的，即能量总是以某个最小单位的倍数发生变化，它来源于希格斯场。作为粒子物理标准模型理论的一部分，希格斯粒子的概念首先于 20 世纪 60 年代中期被提出来。粒子物理标准模型描述了构建世界的粒子的属性[①]。在这一框架下，希格斯玻色子解释了某些基本粒子如何获得了实际体现的质量。

在接下来的几十年中，标准模型成功地解释了很多现象，它的预言与实验测量的最精确结果（精确到小数点后很多位）完美符合。但只有希格斯粒子是个例外——它倔强地拒绝出现。

大型强子对撞机（large hadron collider，LHC）建成后，科学家在 2012 年和 2013 年进行的观测中终于捕获了希格斯粒子。大型强子对撞机能量强大，所创造的能量超出了以前设备

---

① 现在所说的基本粒子，指的是不能再分解为更小的成分的微粒。另一个基本粒子的例子是光子，光子是光能被分割的最小单位的量子。

所能达到的能量领域。在机器运行并产生数据之前，能否让希格斯粒子现身是一个开放性的问题。

如果大型强子对撞机没有能发现希格斯粒子呢？这就变成了 1878 年之后祝融星所面临的窘况：无法找到与理论预测对应的结果，问题将比想象的更加深刻。

希格斯粒子不是孤例。另一个例子是我们的宇宙诞生之初时发生的情形。我们之所以能对那段看似遥不可及的时间有诸多了解，都是由于宇宙大爆炸 —— 时间、空间、能量和质量突然出现的一刻，本质上是无中生有[①] —— 留下了余晖的快照，我们称之为宇宙微波背景（cosmic microwave background，CMB）。宇宙微波背景于 1964 年被发现（同年，关于希格斯粒子的思想首次被提出），这种来自微波背景辐射的均匀"嘶嘶"声为科学家提供了新的机会：通过回溯推算产生宇宙微波背景的大爆炸过程，我们能够测量宇宙极早期的细节和属性。

从那之后的几十年间，宇宙学的理论和更细致的观测相互促进，揭示出宇宙诞生时的一系列状态，也给出了宇宙微波背景更多的预言。例如，环顾周围，当前宇宙明显是不均匀的，大量物质聚集在恒星、星系和星系团内，但它们之间的空间却近乎空旷。现有的观测事实表明，宇宙微波背景也应该是成团

———————————

① 在当前的理论中，将一种特殊的真空称为假真空。假真空看起来是完全空无一物的时空区域，但通过量子效应的机制，其中似乎无处不在地充满了亚原子粒子和能量的波动。

的，也就是说，宇宙微波图像中有些地方比其他地方更亮一些：相比相邻的地方，那些图像上的热斑点区域聚集的物质较多，最终会生长为星系团。

早期对宇宙微波背景的巡天观测显示出了完全均匀的结果，没有什么特殊的地方。若真如此，那没有任何特征的早期宇宙看起来无法演化成我们今天所处的宇宙——这意味着宇宙学家所提出的宇宙演化理论是错误的。

人们被这样的结果困扰了近 30 年，直到 1989 年，科学家向地球轨道发射了一台特制的望远镜。1993 年，该设备捕获了足够多的光子，揭示出宇宙微波背景上明暗相间的大体特征——依稀显示出星系团的原始"种子"。基于这样的观测事实，科学家们做出了预言……又经过巨大的努力，证明了预言的真实性。

从那以后，对宇宙微波背景研究的分辨率越来越高，图像也越来越精细地揭示出宇宙如何从诞生之初演变成现在我们熟知的样子。同时，理论科学家们也做出了一系列的预言，待宇宙微波背景观测有所改进后进行检验。20 世纪 80 年代，有一种设想首次被提出：宇宙诞生不久，就经历了一个我们称之为"暴胀"（inflation）的时期，空间自身在此期间剧烈地膨胀——这个理论的提出者阿兰·古斯（Alan Guth）将其描述为大爆炸的爆炸。最近 30 年以来，研究人员进行了大量观测，其结果与暴胀理论一致。尽管证据越来越多，但依然有些问题没有得到解决。

　　这一状况似乎在 2014 年有所改变，研究人员接近了理论的一个关键部分：暴胀时的剧烈活动将产生引力波，这种引力场的涟漪显示出特定（并且非常微弱）的特征，可以通过宇宙微波背景来探测。关于这一思路，有几种不同的描述，各个描述中所预言的信号也不相同。有的认为，那些原初引力波会在宇宙微波背景上留下一种特定的极化信息，它揭示了那个剧烈、快速膨胀的宇宙和我们今天平静的宇宙之间的第一个明确的联系。一旦找到这样的效应，就好像踏上了观测证据的最后一级台阶——确定我们真的生活在一个曾经发生过暴胀的宇宙中的确凿证据。

　　一个研究团队希望能完成这项任务，他们在南极建立了观测点。他们从 2010 年开始用第二代宇宙泛星系偏振背景成像微波望远镜（BICEP2 microwave telescope）收集极化数据。在望远镜运行了两年之后，这个研究团队开始仔细地分析数据。这是严密而复杂的分析，其结果具重大意义。因此，研究人员做了各种排查和检验，以确保结果正确。2014 年 3 月 17 日，他们公布了研究结果，表示在宇宙微波背景辐射中观测到了 B 模式极化现象，置信度达到 5.9 个标准差（5.9-sigma），远高于宣布发现所需的要求，即出错的可能性要低于 350 万分之一。

　　这真是令人兴奋的时刻。这一结果登上了全世界媒体的头版，暴胀理论的提出者之一喜极而泣。对科学家和科学爱好者来说，它就像是一份礼物：漂亮、新奇，代表了对宇宙最大尺度的全新的理解。这让人联想起 1687 年，当牛顿的《自然哲学的数学原理》刚刚交到最初的几名读者手上的时候，人们屏住呼吸，惊叹于人类的思想竟然可以参透如此深刻的秘密。暴胀理论最著名的预言之一，就是认为我们生活的宇宙并非独立存在，它只是众多"宇宙岛"中的一个，我们生活在广阔多重宇宙中的一个小村落里。多么了不起的思想！难怪成年人会对这样的思想感到敬畏。

　　利用前沿技术进行观测是很复杂的工作。每次祝融星的"发现"都会遭到各方的检视，BICEP 团队从数据中探测到的微小波动也如此。该团队声称发现的信号是暴胀时期引力波的证据，但在几周之内就遭到质疑。团队以外的科学家认为这些信号只是由前景的尘埃所致，这些尘埃广泛分布于像银河系这样的星系中。直至这年的夏末，有研究表明光线通过前景尘埃"过滤"后，也能导致 BICEP 数据所显示的结果。究竟是多重宇宙还是星际尘埃？就像人们"发现"祝融星一样，究竟是行星还是太阳黑子？

　　水星仍在进动，大量的宇宙观测也表明暴胀理论似乎是正确的。2015 年初，研究人员对 BICEP2 的测量结果进行了检验，但鉴于星际尘埃的混杂作用，并不能从数据中分辨出清晰的答案。正如祝融星的问题直到 1878 年还没有得到解决一样，现在我们也仍然不知道，我们所生活的这个宇宙在诞生过程中发生了什么。这两件事的重要区别是，人们在 1878 年日全食后就放弃了祝融星，但现在还在努力寻找时空涟漪。目前，我们已知道 BICEP2 的宇宙微波背景观测数据还不是暴胀理论的可靠证据，但这不足以说明暴胀不存在。其他几种对宇宙微波背景辐射更高精度的探测尝试已经展开，未来很可能通过这些探测结果确定是否真的能在宇宙微波背景中发现引力波。即使没有发现期待中的极化效应，也可能存在其他的暴胀理论，在那些理论中不再需要在大爆炸的余晖中寻找引力波特征。

因此，即使某个暴胀的形式对于解释我们现在看到的宇宙很有说服力，问题也还没有得到充分解决。宇宙可能比我们的想象复杂得多。

预言和观测之间存在着巨大的鸿沟，这就带来一个问题：是什么最终说服科学和科学家放弃曾经成功的理论？什么时候你会对结果说"不"？科学对这个问题惯常的回答是，立刻。或者，至少在获得确定的证据后，立即说不。理查德·费曼在 1963 年的一次公开演讲上曾说过，科学只是"解决问题的特殊方法"。但是科学的特殊性在哪里？在于在用科学确认或是否认一项结果时，"观测就是判断标准"是判断事物是否成立的唯一标准。

"科学方法"这个词具有神奇的魔力。从狭义的角度来说，科学方法主张一种特定的权威：这是系统化的方法，是一组规则，遵循它将可靠地促进我们对于物质世界的认知。然而，知识总是具有暂时性，从表面上来看这是一个弱点，但这才是科学的真正发力之处：一切思想、推论和假设都要接受科学的质疑、挑战和批驳。

这就是我们一直以来被教授的科学方法。所有的高中生都面对过费曼所描述的某种情形。科学过程是这样进行的："建立一种假设"，然后"用实验或观测来验证"，最后"分析结果"并"得出结论"。如果结果无法支持最初的假设，则需要回到第一步重新做假设。

如此往复操作，科学方法就像是知识的挤出机。设置正确的问题作为开始，把数据倒进管道里，从另一端挤出知识。最重要的是，如果产生的知识不可靠，你需要回到一开始，用新的设置再试一次。

有些孩子对科学的理解只停留在"把曼妥思薄荷糖放进可乐里，产生气泡火山喷发"的层面，对他们来说，科学就是像这样夸张的卡通过程。即便是那些能领会更多高级思维和方法的人，情况也没有更好，他们只不过用正式的语言将科学包装了起来。这里为大学生们提供一种典型的"科学方法入门"：科学方法要求，如果一个假设所预言的事物明确且反复地与实验检验不相容，就需要排除或修改假设……这与科技大赛的参赛者们被告知的完全一致。如同费曼所言："无论理论多么优雅，只有它的预言符合实验结果，我们才能相信它是对自然的有效描述。"对物理学和所有的实验科学来说，"实验至高无上"。

换句话说，如果预言长期无法被实验证实，那么可能不止一个预言就需要被抛弃或修改。如果不能在更精确的宇宙微波背景测量中发现引力波，那么暴胀理论中和引力波相关的部分都会有麻烦。根据这样的逻辑，祝融星几十年来一直拒绝出现，是否预示着标志科学革命的艾萨克·牛顿的引力理论出了问题？

在科学方法的要求下，人们别无选择。"实验至高无上"……"观测就是判断标准"。我们认为下述真理是不言而喻的——即使对于那些人们最挚爱的、久经检验的、长久以来一直存在的理论，自然的严峻检验也终将胜出。

历史是这样运转的吗？人类会如此吗？

不。真实的生活和美好的愿望大相径庭。

1878 年 7 月之后，几乎整个天文学界都不再相信太阳和水星之间存在着一颗或多颗大小合适的行星。但是，这也并没有导致人们重新思考牛顿引力理论。

相反，少数几位研究者尝试对水星的运动进行专门的解释，试图从核心挽救理论。科学史学家 N. T. 罗斯维尔（N. T. Roseveare）记录了人们为此所做的努力，主要有两方面的设想。西蒙·纽康重新计算了水星轨道，但将祝融星换成了其他物质形式——仍然停留在某个类似于祝融星这样的质量源解释。出于某种原因这个质量源仍然无法被探测到，但能产生足够的引力拉扯，造成水星近日点的进动。尽管祝融星理论已经遭到反驳，他还是提出了更细致的设想：太阳可能是扁球形的，中间部分向外凸出。这样，水星进动问题就可通过物质分布不均匀来解释。遗憾的是，对太阳的观测记录说服了纽康：我们的太阳是近乎完美的球体。除此之外，还有另一个设想——物质环。就像土星周围的环那样，在太阳附近也围绕着足够多的尘埃。但这个设想也遭到反驳。纽康在这个问题上思考了十多年，最后他得出令人不安，却又必然的结论：在遵循平方反比定律的引力框架下，无法通过太阳附近的物质来解释水星的运动。

基于此，如果科学真的如科学家所讲述的故事那样发展，牛顿的理论应该被抛弃掉。在知识探索的传奇故事中，因为当前的理论遭遇了长期不能解释的顽固问题，所以纽康的定论将强迫研究者质疑这一理论是否还是"对自然的有效描述"。

在神话中，至少存在某种暗示，说明表象背后有更深刻的真理。因此，当基于物质的思路失败时，牛顿的引力理论的确经历了一些认真审查。一位天文学家认为，牛顿定律可能只是一个近似理论：引力可能因所涉及的质量而不同，并且与它们之间距离的平方成为反比……可能距离指数不再是 2，而是需要稍稍修正，即增加 0.000 000 157 4。这就能让水星的运动与数学计算完美一致，但这个解释明显存在着问题。比如说，这样的理论引发了混乱，为什么引力反比的指数项会"选择"一个如此接近整数的值，却拒绝了精确的整数 2？

可以肯定的是，自然有时候就是以某种看起来既任性又令人讨厌的方式存在。直到现在，基础理论中还有几个常数要由测量来确定。有的时候，它们特别奇怪，和它们相比，2.000 000 157 4 的反比定律根本算不了什么。例如，精细结构常数是与带电粒子（如电子）之间的相互作用有关的一个物理量，人们通过测量得到其值为 $7.297\ 352\ 569\ 8 \times 10^{-3}$。目前还没有任何理论能解释这个数字为何如此奇特。宇宙就是以这样特定的方式运行着。对理查德·费曼来说，我们这个宇宙的品位不佳："所有优秀的理论物理学家都把这个数字写在墙上，忧心忡忡……它是物理学中最大的奥秘之一——一个人类全然无法理解的神奇数字。"

但是，即使不能保证正确，简洁、优雅和至关重要的一致性已经成为优秀理论的衡量标准。指数比 2 大一点点的反比定律看起来太丑陋了，所以没有多少研究者会认真对待它。19 世纪 90 年代，人们发现虽然这种想法可以解释水星运动，却无法解释月亮的运动。从那时起，这种理论就淡出了人们的视野。

之后还出现过几种修正牛顿理论的方式。有些人在平方反比定律之后又增加了一项，使之可以更好地与自然现象相符；另一些人则认为，物体的速度会导致引力发生改变。所有这些尝试都存在着致命缺陷，因此没能得到物理学家或天文学家的支持。

到了 20 世纪，大部分研究者已经放弃了努力。水星轨道的异常还没能得到解释——但似乎已经没有人在乎了。世界上出现了太多引人思考的新玩意儿。X 射线和放射性现象的发现开启了原子世界的大门。普朗克建立的量子理论改变了人们对能量和物质本质的理解。在花费了数十年的时间后，科学家确定真空中的光速是常数，这开始暗示物质速度极大时可能会带来有趣的效应。在 1900 年的巴黎博览会上，亨利·亚当斯（Henry Adams）惊叹于电学的实际应用。1903 年，莱特兄弟在北卡罗来纳州沙滩上的实验开创了一个时代。在这个新时代中，像乘风飞翔这样长期困扰物理学家的难题得到了解决。所有这些进展都具有划时代的意义。

在所有这些进步中，老迈的牛顿理论依然运行良好。牛顿运动定律对真实世界的描述接近完美，如果水星能做出一丁点改变（真的是一丁点！每个世纪都只有几角秒！），它就能和彗星、木星、掉落的苹果，以及其他所有观测结果与《自然哲学的数学原理》中所描述的运动方式完全一致的事物一样。

在所有这些缤纷的新生事物与优美的传统理论之间，祝融星退缩到了几乎被人遗忘的境地，被物理科学束之高阁，独自啼鸣却无人问津。水星的近日点还在移动。事实与理论解释之间的鸿沟依然存在。

这一切终将改变 —— 但只有在瑞士的一位年轻人开始思考完全不同的问题之后，行星和理论之间才没有任何冲突。他是从这样一个问题开始入手的，今天我们可以将这个问题简单重述为：引力从太阳到达地球的作用速度有多快？但在 1907 年的那个秋天下午，当他从伯尔尼专利局顶层的办公室凝视窗外的时候，思考的问题要复杂得多。

第三部分

从祝融星到爱因斯坦

（1905—1915 年）

第 8 章

"最快乐的思想"

1907 年 11 月

阿尔伯特·爱因斯坦一直是一位尽心尽责的职员。1902年，瑞士国家专利局为刚取得物理学学士学位，但还未找到工作的爱因斯坦提供了一个机会，从此爱因斯坦成了一名模范的公务员。1905 年被誉为"爱因斯坦奇迹年"，他在六个月内建立起了 20 世纪物理学革命的基础，这比大部分人所意识到的还要伟大得多。他从一个坐在政府办公桌前利用闲暇时间做计算的业余爱好者，一下子跻身进入国际物理学最高水平的圈子。但此时他依然是政府职员。1906 年，他晋升为二级技术检查员 —— 毫无疑问，他是欧洲最著名的专利局职员。

他依然在做着自己的工作，而且干得还不错，每一天的工作都充分对得起这一天的工资。他审查堆了满桌子的文档和技术设计，撰写评估报告，并对人们送来的发明进行法律上的认定。即便如此，他还是抓紧一切业余时间思考真正让他感兴趣的问题。1907 年的一天，爱因斯坦望向窗外，视线穿过街道，看见有人正在屋顶上修理着什么。他的想象力开始驰骋：屋顶上的人突然不幸地摔倒，滑下来，掉下去——爱因斯坦称这样的想象为"生活中最快乐的思想"。一个想法跃入脑中："如果一个人做自由落体运动，他就会感觉不到自己的体重。"

对任何人来说，将一个人从房顶上摔下来死亡与快乐联想到一起都是古怪的画面，那个危险的屋顶与太阳边缘和祝融星漫步之地更是风马牛不相及。这位在屋顶上工作的无名工人并不知道街对面办公室里的人脑海中发生的故事，同样，也不会知道那个人在决定祝融星命运的过程中将扮演极其重要的角色。

当然，伟大的成果并非形成于瞥见屋顶的瞬间。爱因斯坦最伟大的发现是建立在灵感之上的，那些让人简直难以置信的灵感在 1905 年上半年喷薄而出。在那段时间里，他发表了四篇论文，主题跨越了理论物理学的大部分领域。第一篇论文解决的是一个看起来特别具体的问题，我们称之为光电效应。人们在 1887 年首次观测到了这种现象。通过优秀的实验物理学家（同时也是一位可怕的人）菲利普·莱纳德（Philipp Lenard）的工作，20 世纪人们对这一现象有了更好的认识。莱纳德研究了当照射在金属表面上的电磁辐射（光）的强度发生改变时会产生什么现象。根据麦克斯韦对电磁场的描述预测，结果应该是，光的强度越大（越亮），传递给电子的能量就越多。但莱纳德发现，尽管减弱或增加光的强度改变了产生的电子数量，却没有影响从金属表面逃逸的单个电子能量。只有当改变光的颜色（频率或波长）时，电子的能量才发生改变。比如说，紫外辐射比波长更长（频率更低）的可见光激发的电子能量更高。莱纳德因这项实验获得了诺贝尔奖，但他不能解释理论和观测之间的关系。1905 年，物理学本科毕业、没有经过进一步学术训练的爱因斯坦解释了光电效应。

爱因斯坦发问，如果不仅仅只是简单地认为光是一种波，还把它看作是一种粒子，即光量子（今天我们称之为光子），结果会怎么样？从这一物理学的直觉出发，对莱纳德实验的解释就变得简单了。如果光由粒子组成，光子越多，产生的电子流也越多。因此，就像观测到的那样，电流将变大。但是单个电子所携带的能量取决于击中它的那个光子的能量，而与击中金属表面的光子总数无关。爱因斯坦在方程中将光表示为光量子，通过计算得到了莱纳德实验的结果……这项工作为量子力学的创立奠定了基础，而现在量子力学已充分融入了 21 世纪人类生活的各个方面。①

这篇论文发表于 3 月。4 月，爱因斯坦又证明了原子和分子的存在，并设计了测量它们大小的新方法。这一统计物理学

---

① 追踪量子力学在当今生活中的应用这一话题可以写另一本书——至少已经有上千人写过这个主题。从用手指在计算机屏幕上书写字母和翻页的电现象，到椅子所使用的材料的特性，再到本书中部分内容涉及到的充满诗意的宇宙理论……量子的思想无处不在。我们在世界上的运动大部分都是经典的牛顿运动，但它们的微观基础只有用量子力学的语言才能充分描述。

方面的工作一直是爱因斯坦 1905 年的所有成就中被引用得最为频繁的。它的应用范围相当广泛，例如解释颜色的混合，以及天空呈蓝色的原因。

他随后用相关分析解决了长期困扰人们的布朗运动问题——人们最初在水中观察到的尘埃或花粉的随机运动。这听起来像是个副产品，不那么重要的成果，但爱因斯坦的方法中考虑到大量分子的碰撞，从而产生了花粉颗粒的游走轨迹，是 20 世纪和 21 世纪科学中最强有力的思想的基础：现实世界中的很多基本自然现象，其本质都由大量群体行为决定，这些行为可以用统计学术语来描述，而不是简单的直接因果关系。

爱因斯坦在 5 月的第二个星期寄出了关于布朗运动的论文。他所完成的这些工作至少两项成为他职业生涯的骄傲——在他后来获得诺贝尔奖的时候，评奖委员会奖励的是他在光电效应方面的工作，而不是后来更知名的成果。爱因斯坦的四篇伟大论文的最后一篇，于 1905 年 6 月 30 日寄到了《物理学年鉴》（*Annalen der Physik*）的办公室。这篇文章的标题似乎平淡无奇——《论动体的电动力学》，这几个字掩盖了它所蕴含的激进的、近乎颠覆性的思想，也就是我们现在所说的狭义相对论。这篇文章花了他六个星期的时间，但甫一完成，他就用特别简洁、清晰的语言，像讲故事一样表达了他的思想。在文章中，他问了读者一个几乎没有人考虑过的问题：我们常说一件事发生在一个特定的时刻，这意味着什么？"如果，"他写道，

"我说火车在 7 点钟到达，那意味着当我的手表的指针指向 7时，火车也同时抵达了。"换句话说，要描述任何自然界的现象，都需要准确的时间概念 —— 我们如何测量时间？当某一事件发生时，任意两个人如何对事件发生的时间达成共识？

从这里开始，爱因斯坦为之后他所有的其他理论设定了两个前提。其一是"相对性原理"，它最初由伽利略提出。该原理认为，"决定物理系统状态改变的物理定律不因观测者的不同而改变"，无论是处于系统中还是系统之外，只要他们相对于对方做匀速运动，他们就能得到完全一致的信息。也就是说，无论你站在站台上，还是坐在火车里，观测结果都没有区别。牛顿运动定律（当然其他的自然定律也一样）在两个环境中的表现相同，从行进中的火车里抛出一个球，尽管火车里的人和站台上的人看到的球的轨迹不一样，但小球遵循的运动定律是一样的。

爱因斯坦假设的第二个前提是真空中光速是常数，而且对宇宙中的所有观测者来说都一样。在爱因斯坦之前，这个问题已经困扰了科学家数十年：如果光速真的对所有的观测者来说数值不变，似乎违背了牛顿的运动理论。想象一下，一个人点亮一盏灯笼，并且站着不动。而另一个人追着灯笼发出的光走。如果牛顿是对的，静止的人应该发现光速就是已知的数值 —— 近似于 300 000 千米 / 秒。但对运动中的人来说，结果应该与之不同，且为光速与这个人的运动速度（比如 20 千米

/时）之差。① 对爱因斯坦的前辈们来说，这就是秩序井然的宇宙应当遵循的方式。但是在 19 世纪最后几年中，无论实验的精度多么高，无论实验装置有怎样的运动状态，对光速的测量结果从来没有发生改变。

　　爱因斯坦的直觉让他认真地思考了光速不变的意义。他认为，如果光速不随观测者的运动发生改变，那么为了使它与人们的经验相符，人们就必须改变对速度的认识。这也就意味着，对距离和时间的认识要发生变化。爱因斯坦通过另一个思想实验试图表达他的思想：想象一列火车在笔直的铁轨上以恒定的速度行驶。一个位于火车中部位置的乘客带了一只钟表，而另一个站在地面上的观测者也带着相同的钟表。现在，假设乘客和地面上的观测者相遇的瞬间，两道闪电分别击中火车的车头和车尾，那么问题来了：乘客和观测者是否都认为两道闪电同时击中了火车？

　　当爱因斯坦意识到答案是"否"的时候，狭义相对论就开始形成了。地面上的观测者会看到闪电同时击中火车，但火车上的观测者则不是这样。为什么两个人对同一事件的描述会不同？对此，爱因斯坦的回答是，实际上，当事件在钟表显示的那一刻发生时，"光速是常数"将影响你对事件发生时间的判

----

① 更详细的解释是，麦克斯韦方程证明电磁波（可见光就是特定波长的电磁波）的速度是常数。根据伽利略不变性，可以断言物理定律对于所有匀速直线运动中的观测者产生的效果都相同，恒定的速度在所有参考系中仍然恒定。但是在牛顿部分基于伽利略的工作建立起来的力学体系中，光速不再是常数，伽利略不变性失效了，这就造成了冲突。

断。火车两端的闪电必须经过一定的距离之后才能达到两个观测者所在的位置。对地面上的观测者来说，两道闪电的信号到达他所在的位置必定经过了相同的距离，即火车长度的一半。每道闪电穿过相同的地面距离的用时都相同（光速是常数，对两道闪电都相同）。于是观测者清晰地发现，他同时看到两道闪电。

但对于火车上的乘客来说，情况就完全不同了。当闪电击中火车的时候，他仍然在运动中。闪电到达观测者所处位置时，乘客和火车都已经向前行进了一小段距离。因此，火车前方的闪电到达乘客眼中所经过的路程比火车后端的闪电要短一些。乘客将看到，火车前方先被闪电击中，过一段时间之后，火车后方才被闪电击中。换言之，对这位乘客来说，两次闪电发生的时间不同。相比地面上的观测者看到闪电同时发生，火车上的乘客将看到闪电一先一后地出现。因此，不同运动状态下的两个人看到事件发生的时间不一致。

爱因斯坦更进一步意识到，在这种情况下，乘客和观测者对距离的感知也不一致。在这个例子中爱因斯坦强调了作为测量工具的尺子的重要性。想象一下，火车上的乘客用一把尺子测量她座位前的伸腿空间。火车行驶的时候，她的尺子也向前运动，经过窗外地面上的观测者。地面上的观测者测量尺子首尾两端经过自己的位置的时间。但是我们已经通过闪电实验了解到，火车内的人所感知的时间流逝与地面不同，这必然导致了一个结果，即他们对长度的测量结果也不一致。空间和时间

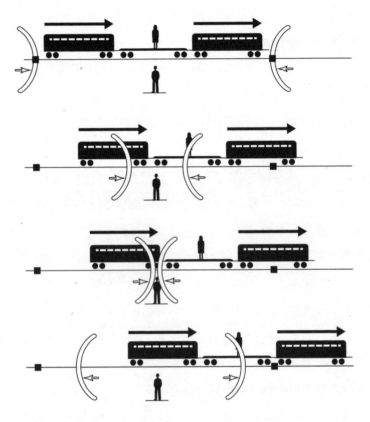

爱因斯坦同时性思想实验，演示了站在地面上的观测者所看到的情形。当
乘客和观测者都位于火车中点处时，闪电击中火车两端（第 1 幅图）。爱因
斯坦想要了解观测者和乘客看到闪电击中火车的时间是否一致。在第 2 幅
图中，火车向前运动，乘客与火车前方的闪电之间的距离缩短，这将导致
他比站台上的观测者先看到闪电。在第 3 幅图中，火车前方和后方的闪电
同时到达地面上的观测者的位置。对观测者来说，两道闪电同时击中了火
车。最后，在第 4 幅图中，火车继续向前运动，来自火车后方的闪电移动
到乘客的位置，因此乘客认为两次闪电击中的时间不同，这与地面上的观
测者感知到的结论不一致

是相对而言的。

让我们再深入一步。伽利略创立的一套数学表述形式 —— 我们现在称之为伽利略变换 —— 使两个相对运动的人认识到，尽管他们对一个事件的描述不同，但事实上是同一事件。爱因斯坦的相对论是在伽利略变换的"升级版" —— 洛伦兹变换 —— 的基础上建立起来的：通过一个常数（即光速），使两个观测者的观测结果相协调。

牛顿的上帝维持着整个宇宙中时间和空间的绝对性，圣钟叩响之时，时间对天地万物来说都是统一的。这样的信念使牛顿拥有了真正的、革命性的洞察力 —— 上天入地的一切都受到同一组定律的支配，整个世界在一个体系下运行。彗星的飞临和行星的发现可以证明，宇宙的历史似乎始终如一，每时每刻、所有地方、所有人都遵循同样的规则。两个世纪过去了，爱因斯坦关于火车的朴素想象，结合钟表和尺子，废弃了这一切。爱因斯坦的钟表滴滴答答地走着，但在不同的人眼中有不一样的节拍。

在论文的后半部分，爱因斯坦扩展了相对论的概念，使其不仅局限于实物运动领域。他证明，相对论对空间中的物体、原子结构、电磁场以及万事万物都有效。三个月之后，爱因斯坦又写论文表明，相对性的概念能深入物理学的基础构架。在这篇仅两页纸的论文中，他探究了辐射的形式（例如一团物质释放能量时发生的现象），并以此为出发点进行了简单的计算，揭示了能量和质量是相对等价的。他用非常特别的形式写下了这一结论，即科学上最著名的公式：$E=mc^2$。

这个公式所表达的意思是，物质和能量如同一枚硬币的两面，二者是一体的。尽管计算特别简单，但一个关于运动学、运动性质的发现能够得到如此深刻的结论让人难以置信。常识告诉我们，能量是物质所具有的属性，比如用球拍击球或是炮弹发射、爆炸都蕴含着能量。但常识是错的。爱因斯坦的方程让我们相信，物质和能量之间可以相互转化。

即使这不够怪异，文章也非常深刻，爱因斯坦先于所有人掌握了一个道理——与其说相对性原理是一条特殊的自然定律，不如说是自然界万事万物都必须遵循的条件。通过 $E=mc^2$ 这个公式，惯性概念转变为了相对论术语。通过爱因斯坦和其他人进一步的工作，运动定律得以统一。例如，麦克斯韦电磁方程组必须用空间和时间的相对性重新解释。用现代概念来比喻，相对论就像是物理世界的帝国主义分子，殖民了更广大的领域。如同帝国的逻辑就是扩张，狭义相对论不可避免地要向下一个目标跃进。

爱因斯坦一直在专利局工作到 1909 年——相比入门级别的学术职位，这份工作的收入更高些。但是，远在他正式成为教授之前，他的奇迹年就清晰地展现了他作为一颗冉冉上升的新星的潜力。因此，自然而然地，爱因斯坦在 1907 年秋天被邀请写一份回顾，介绍之前两年中相对论的发展。这类邀请是一种荣誉，但这一回却有些曲折。爱因斯坦很晚才收到这份邀请，截止时间是 12 月 1 日，留给他的时间只有两个月。起初，完成这项工作似乎不是什么难事。爱因斯坦很快完成了大半部分，他用四个部分描述了狭义相对论在时间测量中的应用、对运动的研究、电磁场特性，以及能量与质量的等效关系的意义。这些内容在之前就或多或少地已做过介绍。他的编辑已经调研过狭义相对论的最新进展并写了一篇介绍性的文章。

但爱因斯坦在最后一个问题上卡住了。狭义相对论的"狭义"指的是这个概念是有限的。它几乎适用于所有物理情境中，完美地描述了时空中的运动形式，但有一个例外——爱因斯坦当时就意识到，狭义相对论只适用于匀速运动的情况，它无法解决速度发生变化、加速或减速的情况。① 对爱因斯坦来说，这是难以忍受的缺陷。加速现象在宇宙中普遍存在。更为重要的是，任何受到引力作用的物体都会做加速运动。

在考虑这些问题时，爱因斯坦只有 28 岁，在专利局工作之余争分夺秒地进行科学研究。现在我们很难想象他当时要拥有多少信心才能坚持下去。对狭义相对论更深的思考，让他不得不面对历史上最著名的物理学家牛顿提出的最著名的思想——万有引力。但如果爱因斯坦的思想真的是自然逻辑的一部分，那么没有什么思想，甚至没有什么伟大人物能逃脱他

---

① 狭义相对论可以应用于加速系统，例如著名的"双生子佯谬"。双胞胎中的一个人加速离开并再次回到地球上，他的年龄将比另一个留在家里的兄弟增长得慢。这是狭义相对论分析非匀速运动系统的例子。但在狭义相对论的最初的框架中，爱因斯坦考虑的是匀速运动。当他开始思考广义化这一理论时，他才开始考虑运动状态变化产生的区别。

的革命。

　　1907 年 11 月。爱因斯坦每个工作日都在专利局的办公室写报告。他写作，思考，有时凝视窗外。透过窗户，他看到伯尔尼城里的屋顶。有一天——我们并不知道确切的时间——他看到了屋顶上的陌生人并想象了一场事故，于是他瞬间被最快乐的思想击中，茅塞顿开。他意识到人在摔下屋顶时将感觉自身失去了重量，这启发了他，让他沿着狭义相对论中分析时空的思路来思考引力问题。爱因斯坦将这一理念提炼为"等效原理"，这与他在 1905 年提出的相对性原理同样重要。简单地说，在等效原理作用下，做自由落体运动的人（比如想象中的从屋顶跌落的人）无法区分自己是正受到引力的作用而下落，还是漂浮在失重的太空中。

　　换句话说，不管爱因斯坦从什么视角观察，屋顶工人都在加速坠落，下落者感觉不到自己有任何变化（在触地之前），没有重量，没有推力或拉力，就像是狭义相对论所描述的惯性系中的匀速运动一样。这两种状态——自由落体和无加速运动——看起来是等效的，两者描述了完全一样的现象。反之亦然，对一个（处于密闭房间的）人来说，当他站着的时候，不能确定自己受到的是地球的重力作用还是其他作用——例如一枚火箭拉着这个房间向上加速运动。

　　顿悟了！这条新原理直接把爱因斯坦指向了狭义相对论无法指出的本质联系：惯性和重量之间的联系。惯性依赖于质量，而重量是相应的质量所受到的重力。人在月球上质量不会发生变化，但是由于月亮的引力只有地球的 16%，所以这个人在月亮上的重量只有在地球上的六分之一。更普遍地说，重量可以理解为一个物体无论在加速还是受到引力作用时而产生的运动变化的度量。一个人做自由落体运动时与在远离引力源的空间中失重时的体验相同，做加速运动时与在地球的引力场中静止时对重量的感知相同。从屋顶上跌落的人和爱因斯坦由此想到的等效原理表明，需要用一种数学的方式来描述这种尚未被发现的物理学，以建立惯性和引力之间的联系。

在 11 月即将结束的时候，爱因斯坦完成了论文。文章包括等效原理的最后一部分内容，以及它所暗示的引力相对论理论。这篇论文还只是一个雏形，将来会有更为丰富的内容。爱因斯坦此时已经知道，在相对论的体系中，用惯性系和加速运动体系的语言来考虑引力是完全可能的。

在爱因斯坦寄出这篇论文之后不久，他被一个更普遍的问题吸引了注意力。他在论文中没有提及任何对牛顿的万有引力的现实挑战，没有异常现象，也没有质疑。取而代之的是，在这及其之后的八年中，核心问题仍然是理论一致性：调和狭义相对论与牛顿理论之间的不一致。爱因斯坦掌握了其中的技巧。他知道自己会成功，只要他能清晰地证明他的理论比牛顿理论能更准确地描述现实。在平安夜写给老朋友康拉德·哈比希特（Conrad Habicht）的信中，他说在研究引力的相对论性原理。他的目标是"解释尚未被解决的水星近日点的奇怪变化"。

祝融星已经被打入冷宫很久了,大多数人都怀疑是否还有可能解决这一问题。但现在,爱因斯坦在相对论的基础上建立了一个新宇宙,开始将研究目标对准这颗难以捉摸的行星。从一开始研究引力,爱因斯坦便抓住了祝融星存在与否的关键所在。在随后的几年中,即使在私人信函中,他也没再提过水星。但他并没有忘记。

第9章

"帮帮我吧，我快要疯了"

有一种在当时看起来十分怪异的思想直击狭义相对论的基本框架。在这种思想首次被提出以后，一个世纪以来，它不仅渗透到宇宙学里，也参与到流行文化中。但当爱因斯坦首次接触到这种思想时，他并没有对此留下深刻印象。"现在，数学家已经掌握相对论了，"他宣称，"但还是我自己对它理解得更深入。"这里的数学家就是爱因斯坦曾经的老师赫尔曼·闵可夫斯基（Hermann Minkowski）。而对于那种怪异的思想，闵可夫斯基是这样说的：

"先生们，我希望展现给你们空间和时间的概念，它们扎根于实验物理学并从中汲取力量。这些概念是全新的。今后，单纯的空间和时间的概念将注定陷落暗影之中，只有将二者连接到一起才是独立的整体。"

我们现在称这个整体为"时空"。旧的观念认为，空间占据三个维度，即我们熟知的高度、宽度和深度，而时间独自流逝。闵可夫斯基认为，要实现对运动状态的测量，就必须同时考虑空间和时间的影响。他认为：我们的世界有四个维度，三维的空间和一维的时间，四个维度彼此纠缠。

更重要的是，闵可夫斯基提供了探索时空的数学工具。他证明，任意两个点或两个事件——比如我正坐在这里写作，我起来喝咖啡——都可以统一为一幅绝对的图景。这一图景能够真实地描述不同的观测者对时间和距离的不同测量结果，并被任何在运动中或静止的观测者接受。详细的几何描述在某种程度上很复杂，但是闵可夫斯基的工作定义了四维时空中任意两点之间最短距离的单一路径。这个路径称为绝对间隔，用于衡量两个事件之间的空间和时间上的距离，它在任何情况下都不会改变。（为了简化时空运算，物理学家发展出一种用相同单位表示时间和空间测量结果的技巧，把光速作为基本的标尺。空间中的 1 米在时间中有多长？它就相当于光穿行这段距离所花费的时间——3.3×10^{-9} 秒。反过来，1 秒有多远的距离？这相当于光在这段时间中穿过的距离，即 3 亿米。）

爱因斯坦一直强调，虽然两名观测者的测量结果不同，但真相只有一个。当两名观测者进行实验的时候，他们观察到的物理行为符合相同的定律。

闵可夫斯基的成就是让现象的真实面貌显现出来，使每个人都明确地看到。对闵可夫斯基来说，这是革命性的；但对爱因斯坦来说，这算不了什么。他说："四维几何是多余的知识。"

闵可夫斯基没能对爱因斯坦糟糕的数学品位进行教导。他于 1908 年死于急性阑尾炎，年仅 44 岁。爱因斯坦忽略了时空观点的内涵，至少有一段时间他是这样的。还有大量其他的物理问题以及日常事务需要考虑。

理所当然的，爱因斯坦的生活在 1905 年之后发生了转变。虽然爱因斯坦还要在专利局工作上好几年，但在 1907 年之后他还是不可避免地从公务员变成了学者 —— 他开始任伯尔尼大学的兼职讲师。直到 1909 年，他才在苏黎世大学获得第一份全职的学术工作。那是一份短期合同，临时性的工作让爱因斯坦位于人事等级的最底层。但仅仅一年多之后，他就收到了一份全职教授的工作邀请，这份工作能让他的学术地位和生活状况随之得到保障。只是，1911 年年初的这份工作邀请来自布拉格德国大学，那里地处欧洲德语区边陲。在后来的故事里，爱因斯坦最终接受了新工作，职位的重要性超过了对地理位置的考量。

不过，他和妻子米列娃·马里克（Mileva Marić）都不喜欢布拉格。爱因斯坦到了那里之后，不久就对一位朋友抱怨：当地人"混合了自大和自卑的性格，对人没有任何友善。这座城市一边极尽奢华，另一边穷苦贫困，人们缺乏思想，没有信仰"。即便是这样，他还是找到了一些补偿。一位亲属回忆道，爱因斯坦爱上了坐在河边的咖啡馆里，与朋友们喝咖啡聊天。犹太人社区的精英们在那里举办沙龙。至少有一次，甚至可能很多次，他发现自己在那里遇上了弗兰兹·卡夫卡（Franz Kafka）。① 但是对马里克来说，布拉格没有任何优点。一位爱因斯坦家的朋友经常讲这个故事，"她被留在家里和孩子们待在一起，越来越感到不满"。

对爱因斯坦来说，布拉格的可取之处在于他能心无旁骛的工作。再也不用阅读专利申请了，而且大学为拥有高级职称的教师提供了很大的自由。爱因斯坦在 1907 年第一次想到引力的相对性理论之后，他的注意力曾一度转移到量子领域令人烦恼的谜题中。在接下来的几年里，他进展甚微，在搬到布拉格之前，除了沮丧地认识到这个问题晦涩难懂之外，他几乎没有什么进步。从他的办公室可以俯瞰一座精神病院的庭院，当他一边思考量子问题一边望向窗外的时候，形容那些病人是"不学物理的疯子"。

所以他转换了谜题。在新环境里，爱因斯坦又回到了对等效原理的研究，开始进一步扩展自己的相对论。他知道三年前写的理论大纲还不够完善。他现在找到了新的方向，需要深入地思考引力对光可能产生的作用。

要捕捉到爱因斯坦新方法的精髓，就必须回到他的思想实

---

① 遗憾的是，没有牢靠的证据表明爱因斯坦曾和卡夫卡交谈过。

火箭外的观测者
观测到的现象

光束

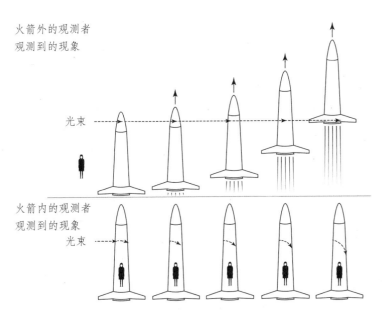

火箭内的观测者
观测到的现象

光束

在这个思想实验中，光束穿过加速上升的火箭的窗口。对于站在火箭外面的观测者来说，将看到光线沿直线传播；但对火箭里的人来说，将看到光束从火箭的一侧进入，沿着曲线向下偏，照射到另一侧的墙上。在加速运动的参考系里，光线发生了弯曲。根据等效原理，引力场中也将发生同样的情况

验上——那个在太空中做加速运动的火箭。这一次，实验的设计者在机舱上开了一个小窗口，如果有人从窗外用手电筒照射静止的机舱，光束将沿直线到达窗口对面的墙上。

现在想象这枚火箭加速起飞了。光线从窗口到达对面墙上的同时，火箭也在向上运动着。因此，光线照到窗口对面墙上的位置会比窗口的高度略低一点。对于火箭里的观测者来说，光线将向下弯曲。火箭的加速度越大，光线弯曲得就越厉害。

如果你接受等效原理，那么既然在加速状态下光线会弯曲，引力必然也会让光线发生弯曲。①

接下来沿着上面的逻辑继续思考。狭义相对论中给定了光和时间的关系，对爱因斯坦来说，毫不意外的是，光线在新情况下的行为也会影响时间的流逝。为了简化他的思考过程，我们还是回到火箭的例子上。想象一下，在火箭舱的顶端和底部发动机旁各放置一只钟表。在火箭静止的时候，将两只钟表用闪光信号设定同步——底下的钟表向上发射信号，每秒一次。两只钟表都走时良好，并保持时间同步。当发动机运转，火箭开始加速上升时，接下来发生的情况就变得有趣起来。

底部的钟表发出闪光的时候，火箭在运动，而且速度越来越快。闪光从下方向着火箭舱顶端发射的时候，火箭舱也上升了一段距离。所以，信号需要经过的距离增加了。这意味着，底端钟表发出的信号到达顶端钟表的时间要比火箭静止时的时间更长，同样的，下一次闪光也将延迟。观测者将发现，每次

———————

① 爱因斯坦不会用这么简单的图像。在几年前爱因斯坦的第一篇关于引力的论文中，他给出了一些确凿数据。对光线弯曲的问题，他计算了像太阳这么大质量的天体使通过它边缘的星光产生弯曲的程度。他得到的结果是 0.87 角秒，这与牛顿理论计算的结果相同。实际上，这个数字是错误的，但爱因斯坦在接下来 4 年都认为是这个结果。从比例上来说，将圆周分为 360 份，每份为 1 度；每度又可以分为 60 角分，每 1 角分可以分为 60 角秒。尽管 0.87 角秒是一个微小的数字，但并没有小到可以忽略。如果你从位于波士顿的州议会大厦的"布尔芬奇圆顶"（Bulfinch dome）上方到时代广场画一条线，这条线大约长 200 英里。如果将终点设在位于时代广场中心的百老汇半价售票厅处，0.87 角秒的偏差就相当于这条线偏离买票队伍任一侧大约 6 英尺。

这一思想实验表达的思想类似于爱因斯坦分析同时性时思想。火箭的加速运动使从底端钟表发出的信号到达顶端钟表的距离增加了。坐在顶端钟表旁边的观测者将看到底端钟表走得慢。再次根据等效原理，在引力作用下也会出现这样的结果，即引力越大，时间越慢

闪光到达顶部的钟表的时间都将比一秒长。这意味着底部的钟表比顶部的走时慢了，根据等效原理，在引力场中钟表也会发生完全相同的现象。钟表所在位置引力作用越强，越接近地面，钟表走时就越缓慢。所以，放置于柏林地面上的钟表走时要比放置在苏黎世那座爱因斯坦年轻时爬过的山上的走时慢一些。①

————————————

① 对于这个问题，理查德·费曼在《相对论简明六节课》(Six Not-So-Easy Pieces)最后一课中给出的讨论是最好、最直接的讨论之一，但是钟表和火箭的例子沿用已久。费曼提供了一个特别具体的例子：在地球引力场中，高度越向下，时间也越慢。每向上 20 米，由光的频率改变导致的时间变化为千万亿分之二（$2/10^{15}$）。

　　基于这一点，爱因斯坦顺着逻辑链条到了最后一步。狭义相对论已经改变了时间的概念，时间不再是绝对的，任何一只钟表测量的时间都依赖于钟表和观测者的相对运动。不同的钟表可以通过闵可夫斯基的时空数学关系达成一致。爱因斯坦在布拉格的工作将这个结果扩展到了更广阔的领域。如果引力影响了钟表，这就意味着不同地方的时间不同。时间依赖于环境，一个人对时间的感知，置身死海和登上珠穆朗玛峰时会有所不同，身处地下室与在三楼上的感觉也不一样。时间的流逝在每个地方都是独特的。这是个新观念，无论那时还是现在，都不容易让人接受。但在 1911 年年中之前，爱因斯坦就看到了扩展相对论要前往的必然方向 —— 引力扭曲了时间。

　　从这里出发，爱因斯坦意识到他的引力观点需要复杂的逻辑链条来实现。和牛顿的理论一样，在他的理论中，引力会推动物体运动。用物理学家的术语说，即引力将做功。在牛顿体系中，所有力的作用效果都仅与物体的质量有关，这就是著名的牛顿方程的含义。但爱因斯坦从 $E=mc^2$ 中知道，能量和质量是等价的，是"质能"这一概念的两个方面。接下来的思想似乎就显而易见了，但在当时代表了一个突破。在引力束缚系统中，势能的改变将引起质能总量的改变，因此作用于物体上的引力强度也发生了改变。这就是说，爱因斯坦意识到引力可以作用于物体自身，系统结构的每一次改变都会改变系统的引力作用。最终，这迫使他必须面对越来越难的数学工作：任何与狭义相对论相一致的引力理论都必须达到质量和能量的统一，从技术上说，这意味着必须考虑非线性过程。

爱因斯坦希望用简单的数学理论表达引力的想法告吹了。求解非线性方程非常困难，标准的解答方法是试着将非线性方程转化为线性方程，但爱因斯坦明白他还做不到这一点。不过，这还是让他前进了一步，从对引力的思考走向基本定律，使得他能够为相对论引力理论建立模型。爱因斯坦度过了他在布拉格的第一个冬天，春天到来的时候，他几乎还是没有取得一点进展。1912 年春天，他告诉一位朋友遇到了大量的障碍，"一直在和引力问题激烈地搏斗……每一步都很困难"。

最终，闵可夫斯基对四维时空的描述拯救了爱因斯坦。闵可夫斯基建立四维时空的主要动机，是想要清晰表达狭义相对论的含义。他的体系中保留了早前思想中的一个关键特点：四维宇宙就像一个容器，无论质量还是能量都可以包含在内。这是历史发展的必然阶段。

当爱因斯坦开始思考加速度和引力对时间流逝的影响的时候，他取得了巨大的进展。就像其中一个维度（时间）受到引力影响，时空也会因为加速和引力作用而发生弯曲。注意到这些之后，爱因斯坦的思想发挥出了最大的作用。他的全新理论是，引力是物质和能量结合在一起的结果（这与牛顿理论认为引力单独由物质产生不同），并且会导致时间发生弯曲。两个事实结合所产生的结果，就是质量和能量的总量决定了任意特定位置的引力场强度，也因此决定了任意给定区域的时空发生弯曲的程度。由物质造成的弯曲时空又反过来影响物质和能量在宇宙中的分布。时空不是舞台，不是宇宙中单纯盛放内容的盒子。爱因斯坦已经知道，时空是活跃的、动态的，因其包含的内容而具有不同形状。就像他后来所说，他在最后领悟到重要的真理："几何学基础具有物理意义。"

这不代表爱因斯坦完成了全部内容，但这是最重要的一步。有了这一步，爱因斯坦可以采取纯粹的物理视角——引力和加速度是等效的——来改进他的理论。他现在知道了，全面和严格的数学表达式必须包括哪些要素。但他依然无法单靠自己的力量完成数学方面的工作，他甚至不知道具体哪个数学领域能满足他的要求。不过，他认识一个知道这些的人。

马塞尔·格罗斯曼（Marcel Grossman）是顶级的数学家，也是爱因斯坦的老朋友之一。早在苏黎世联邦理工学院读本科时，他们就相互结识了。当年爱因斯坦逃课后，格罗斯曼经常将自己的课堂笔记借给他。当布拉格这个地方无法支持爱因斯坦这样的天才的时候，他们有了重聚的机会。苏黎世联邦理工学院在 1912 年初前来打探，力邀爱因斯坦前去工作。这件事到夏天定了下来。离开瑞士还不到两年，爱因斯坦又以理论物理学教授的身份回到了欧洲最好的理工大学之一——苏黎世联邦理工学院。当时，格罗斯曼已经是那里的数学教授了。在他们重逢后，爱因斯坦恳求道："格罗斯曼，你帮帮我吧，我快要疯了。"

　　格罗斯曼帮助了爱因斯坦。他已经了解了爱因斯坦的需求：摆脱两千年来刻画自然形状的方式——欧几里得几何。毫不夸张地说，欧几里得的《几何原本》(*Elements*) 是历史上最重要的自然哲学著作。两千多年以来，没有人在用欧氏几何做平面、表面和立体分析的时候发现任何错误。平面上两点之间直线距离最短，经过直线外一点有且仅有一条直线与已知直线平行，三角形的内角和是 180 度……所有这些都必然是真理，它们不光在《几何原本》里起作用，它们通行于整个世界。

　　但在爱因斯坦这里，欧氏几何不够用了。19 世纪初到中叶，有些敢于大胆创新的数学家发现，他们可以修正欧几里得假设的某些公理。所谓公理，就是明显成立而无须证明的命题。他们发现，经过修改之后，一些结果可以与欧氏几何相一致，但也有一些结果差别很大，比如不存在平行线了。格罗斯曼告诉爱因斯坦，伯恩哈德·黎曼 (Bernhard Riemann) 发明的新几何学可以满足爱因斯坦的需要：黎曼几何可以用来分析在平滑的弯曲空间中，如何在任意点进行测量。在建立这套体系的时候，黎曼是按照数学家的思维方式来处理问题的：数学家关注于思维，而不是物体。但爱因斯坦从中得到了启发。这种奇怪、陌生的几何学让他可以摆弄空间，使物质和能量在其中不是沿直线，而是沿着曲线运动。

　　最重要的是，他现在可以回答最关键的问题了：引力究竟是什么？显然，引力不再是牛顿体系中神秘的超距力。相反，在爱因斯坦逐渐成形的分析中，引力是建立在时空几何的基础上的。正式地说，引力就是时空的局部弯曲程度，质量、能量和密度形成了时空的特定形状，正如地球或太阳那样。如此一来，可通过数学分析发现质量和能量的分布与它们邻近时空形状之间的精确关系。经过宇宙的天体——比如围绕恒星运动的行星和围绕行星运动的卫星——并非神秘地遵循某个力量的拉扯而运动，而是遵循附近物质和能量导致的弯曲时空中的最短路径。

还有一个问题依然存在，至少从直观上人们还无法理解，即时空的形状如何产生我们体验到的力的作用。我们时刻能遇到这种作用。例如，当你打翻酒瓶后，酒洒到地上溅起酒花。要理解引力的作用方式，需要想象一个空旷的、看上去

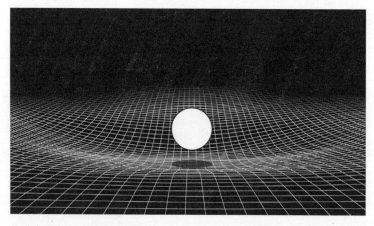

将引力几何化的经典可视化图。把时空想象成一块橡胶板，像恒星这样大质量的天体将使这块橡胶板产生拉伸变形，即时空发生弯曲。这个比喻不够贴切，但抓住了关键的概念

毫无特征的平面，它是如此平坦，以至于在上面生活的人都只能感觉到两个维度——长度和宽度，而无法体会到高度。在这个平面上走上一段距离，比如说你从家出发，径直走到远处的村子，一英里之后你就会感觉难以迈步了。要想继续前行就需要稍稍努力，你开始气喘吁吁，明显感觉到有一种力量在拉着你。我们把这个力称为引力。当你确定自己走的是直线的时候，它就拉着你。对于可以感知到第三个维度的人来说，对这种神秘力量的解释就简单得多了，那是你沿着最短路径向上爬坡的结果。

在空旷的平面上，登山者感受到的"引力"是空间曲率，但他自己无法看到高度的上升。这个类比不够完美，它只处理了空间，还没有考虑时间，但已经切中要害。我们居住在一个空间和时间都发生弯曲的时空里，这种弯曲是由地球质量造成的。早晨起床时，我们站起来感受到重量，就是在体会下滑到时空中的一个凹坑的感觉。这个凹坑凹向地球中心。这种体会来自几何体验，是动态时空的运作方式，它使我们的脚落到地面上。

1913 年中期，爱因斯坦有了一个物理图景，并且最终找到了正确的数学工具来进行分析。最重要的是，他有了一个模型，既可以进行量化的计算又融入了思维图景，把古怪的引力看作一种几何效应。爱因斯坦充满了信心，几乎要开始庆祝他的新发现了。他在与格罗斯曼共同工作之初，就给他的物理学家同行路德维希·霍普夫（Ludwig Hopf）写信说："开始解决

奇迹般的引力问题，如果没有搞错的话，我已经找到了最广义
的方程组。"

　　他没有搞错方向，但也不是完全正确。格罗斯曼和爱因斯
坦几乎用了一年时间才完成了他们称为《广义相对论和引力理
论纲要》的论文。论文的标题很贴切。他们已尽了最大努力，
但这篇论文的确只是个纲要。文章在发表的时候还有几处重要
的错误和一些计算问题。爱因斯坦还没有完全掌握如何将他的
物理和格罗斯曼教给他的艰深的数学结合到一起。

　　但爱因斯坦已经知道，至少是深深地感到，他的思想近
乎完善了。对爱因斯坦来说，他的理论已经快到该被检验的时
候了。理论的预言相当明确：光线和物质一样遵循着时空弯
曲，这意味着经过太阳边缘的星光会在太阳的引力作用下发生
弯曲。爱因斯坦意识到这个效应足够显著，能够被探测到，但
只能在日全食的时候进行。根据新理论，星光的偏折角是 0.87
角秒。经验丰富的日全食观测者能够观测到这种程度的偏折。

　　爱因斯坦也考虑了其他的可能性，但没有公开。一份在他
去世 30 年后公开的档案显示，他和他最亲密的朋友、科学爱
好者米歇尔·贝索（Michele Besso）曾尝试模拟一种特殊的情
况——水星问题。在由太阳造成的弯曲时空中，水星在运动
时轨道将发生什么变化？

　　计算主要包含在爱因斯坦的手稿中，手稿有修正的痕迹，
贝索也做出了一部分实质性贡献。他们的计算为我们提供了一

些"罪恶的快乐"（guilty pleasure），爱因斯坦犯了一些基本
错误，例如将太阳的质量额外乘以了 10。这可能会让我们这
些凡人感到安慰。他至少还犯了一个严重的错误，比如误认为
另一个用于抽象理论检验的近似解是可靠的。

　　同时，爱因斯坦的工作提供了一种难得的科学思考方式。
在过去的图景中，新发现总是基于已发表的结果之上。而爱因
斯坦很不一样，他不停地探索，尝试掌握陌生、困难的数学，
并且发展出了用数学方法计算物质运动形式的技巧。对水星轨

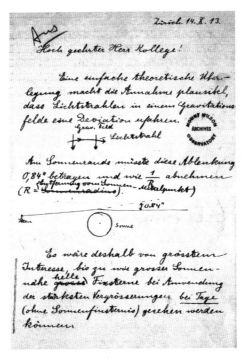

在给美国天文学家海耳（George Ellery Hale）的信中，爱因斯坦向他寻求
关于测量光在太阳附近发生偏折的建议

道的计算取得了实质性进展，爱因斯坦发展的计算方法可以有效地分析弯曲时空中的行星运动。但在爱因斯坦和格罗斯曼的引力理论中，还隐藏着其他缺陷，技术上的成就没有完全解决问题。当他们完成所有工作的时候，爱因斯坦和贝索发现，他们只能解释每世纪 43 角秒水星进动中的 18 角秒。

　　表面上看，就像人们在牛顿引力体系下目击祝融星和错误地把太阳黑子当作祝融星一样，爱因斯坦也得到了错误的结果。爱因斯坦对这个问题的回应，和几十年前坚信祝融星存在的人们类似：比起解释水星问题，理论本身更重要。如果引力相对论理论说得通，如果相对论的逻辑和解释力站得住脚，那么仅仅一次失败的计算绝不是放弃相对论的理由。

　　这样的错误结果肯定不能广而告之。爱因斯坦从没发表这次计算结果。相反，他一直在改进。他知道，牛顿引力已经不能被当作原则来看待，狭义相对论与牛顿理论的冲突不会消失。他感觉到引力相对论理论的逻辑在不断地丰满。就算尚未完全成熟，他仍然坚信引力相对论理论是唯一一条合理的前进道路。他准备让这个理论接受最公开的检验。下一次日全食发生的时间为 1914 年 8 月 21 日，伸入黑海的俄国克里米亚半岛是首选观测地点。在那里，天文学家将第一次有机会检验相对论的主要预言：由于太阳附近的时空发生弯曲，来自遥远恒星的光线在经过太阳边缘时将偏折 0.87 角秒。另一方面，对祝融星的寻找仍未结束。

  然而，在 1914 年日食时检验爱因斯坦对引力的解释（并由此检验水星运动）还存在一个障碍，一个与他的科学成就无关的障碍。在奇迹年之后，爱因斯坦的地位有所上升，但尽管身为苏黎世联邦理工学院的教授，他并没有希望获得资助来组织去往俄国的日食观测远征队。1913 年 7 月，问题迎来了转机。两位从柏林来的客人，马克斯·普朗克（Max Planck）和沃尔瑟·能斯特（Walther Nernst）前来拜访爱因斯坦。他俩未来都是诺贝尔奖得主。他们给爱因斯坦带来了前所未有的礼物：如果他愿意放弃瑞士国籍并跟随他们去柏林，他将获得真正可观的薪水，一份无教学要求的全职工作，以及，成为普鲁士科学院院士。

  即便是面对这样的诱惑，爱因斯坦也有充足的理由拒绝。爱因斯坦热爱苏黎世，并且早在十多年前就宣布放弃德国国籍，但如果把握住这次机会，去柏林就意味着他将跻身世界上第一流科学家的行列。

  爱因斯坦花了一天时间考虑。这个机会实在是太好了，他无法拒绝。邀请者为了让他满意，还提供了一项额外的福利：爱因斯坦现在有足够的钱来资助一支日全食观测队伍了。

  1914 年 3 月，爱因斯坦离开了苏黎世。在 4 月抵达柏林郊区达勒姆（Dahlem）之前，他花了几周的时间拜访了他在欧洲的物理学家朋友们。但是，他的婚姻没能维持下来。7 月初，马里克和孩子们又返回了苏黎世。尽管爱因斯坦因为他们的离开而感到悲伤，但他很快就重新投入到他最热爱的事业中，开始思考不"仅仅与个人有关的"（the merely personal）物理学。

　　日食观测远征队按时组织起来了。为了取悦爱因斯坦，普鲁士科学院提供了一部分资金支持，克虏伯（Krupp）家族的族长提供了其余的费用。年轻的天文学家、爱因斯坦的拥护者欧文·弗罗因德利希（Erwin Freundlich）选择了四台用于照相观测的望远镜，并且雇用了两名助手。他们在7月19日离开柏林前往克里米亚。此时，没有人能意识到，发生于三个星期前的一次事件将对这次科学探索活动产生影响，那就是1914年6月28日，奥地利大公在塞尔维亚城市萨拉热窝遭枪击。但对于前往俄国的德国观测者们来说，这有什么可担心的呢？

第 10 章

"欣喜若狂"

1914 年 7 月

在柏林，悠闲的时光。

在欧洲大国们历经四年时间的互相残杀结束多年以后，回顾战前，生活显得格外甜美。记者特奥多尔·沃尔夫（Theodor Wolff）在总结开战前几周的狂热风潮时说："柏林的大众发现了新的激情，在单步舞和双步舞之后，他们发现了探戈。"

美好的时光持续了一段时间，直到一位塞尔维亚激进青年在 6 月 28 日刺杀了奥地利大公弗朗茨·斐迪南（Franz Ferdinand）和他的妻子索菲亚（Sophie）。第二天早上，德国最严肃的报纸《法兰克福报》（*Frankfurter Zeitung*）在头版报道了这次刺杀事件，但第二版内容就回到悠然的夏日生活中，其中还有一篇呼吁公众支持 1916 年柏林奥运会的文章。三个星期之后，媒体上还充斥着讲述美好夏天的内容。7 月 21 日的《柏林人民报》（*Berliner Volksblatt*）向读者介绍了如何晒黑皮肤，同时警告读者不要为此穿着有伤风化的衣服。人们对战争毫无防备，最直接的证明就是，《法兰克福报》发布了一则广告，希望吸引上流社会人士去俄国购买度假别墅。

因此，德国科学探索队正常情况下应该于 7 月的最后一周出现在俄国的黑海之滨，等待 8 月 21 日出现在此地的日全食。欧文·弗罗因德利希和他的同事们的观测目标，是爱因斯坦所预言的发生在太阳附近的星光弯曲现象。他们遇见了一群来自阿根廷的天文学家。巧合的是，这群天文学家依然坚持用拍照的方法寻找水星轨道以内的行星——我们的老朋友祝融星。

在之后不到一周的时间里，那个光明的欧洲、翩翩起舞的欧洲不见了。7 月 30 日，俄国沙皇尼古拉对全国进行战争动员。德国要求俄国的盟友法国保持中立，但法国拒绝了，并在 31 号进行了战争动员。8 月 1 日，德国驻俄国大使向位于圣彼得堡的俄国外交部递交了宣战照会。

是夜，一小支德国军队进入中立国比利时。德国侦察队在 2 日越过法国边境，并于第二天发出此时已"多余"的书面照会。最后，英国政府于 8 月 4 日夜间 11 时做出宣战决定，并通知德国驻英国大使，英德两国进入战争状态。突如其来的战争带来了一个鲜为人知的结果——三名来自德国的科学家已经成了所处国家的敌人。弗罗因德利希和同伴们被逮捕、拘禁，他们的设备也被没收。

所幸，最终没有造成太大损失。因为日食"戏弄"了大家。就在日食开始前，云层突然聚集上来，直到日食结束才散去，这使人们无法观测任何光线偏折现象。德国天文学家是幸运的，他们只是简单地被羁押，在最早战俘开始交换时就被换了回去。对爱因斯坦来说，他很欣慰能在 9 月底迎接观测队回到柏林。

在那段艰难的时期里，那是爱因斯坦少有的感到安慰的时刻。他从来没有屈服于战争带来的冲击，这冲击不只来自战争本身，也包括了人们的情绪。他在多年后写道："一个人能够洋洋得意地随着军乐队在四列纵队里行进，单凭这一点就足以使我对他轻视。由命令产生的勇敢行为，毫无意义的暴行，以及在爱国主义名义下一切可恶的胡闹，所有这些都令我深恶痛绝！"[1] 更为糟糕的是，一些吸引他来到柏林、他眼中的优秀科学家，现在也变得与大街上醉心于战争的暴民并无二异。

爱因斯坦在柏林最亲密的朋友弗里茨·哈伯（Fritz Haber，后来获得诺贝尔化学奖），就算得上是这种背叛的典型。哈伯的实验室在战争之初就致力于军事目的的研究。氯元素引起了他的注意，他希望能用氯作为终结所有战争的武器——这是一种致命的毒气。这会破坏战前协议，但他还是向德国总参谋部提议了。

哈伯在 1915 年初为德国兵工厂生产化学武器。那年春天，装载着氯气的罐子被运到西方前线，部署在比利时境内的伊普

---

[1] 译文摘自《纪念爱因斯坦译文集》，赵中立、许良英编译，上海科学技术出版社 1979 年出版。——编注

尔战场。经过几周的等待，风稳定地自东向西吹拂，最终在 4 月 22 日满足了使用毒气的条件。黄昏临近时，德国士兵沿着 4 英里长的前线释放了 168 吨氯气。

氯气经过之处有三支部队——一支阿尔及利亚部队、一支地方自卫队，还有一支加拿大部队。前两者都在法国的指挥之下。随着氯气的释放，淡绿色的云升起来，漂浮着、翻滚着，穿过泥泞的无人区。德国人一直等待着，直到氯气的巨浪到达协约国战线。效果和哈伯所期待的完全一样——约翰·弗伦奇（John French）爵士在报告中称，数百名士兵"突然昏迷或死亡"。阿尔及利亚部队崩溃了，使前线形成一个缺口。德国人发起进攻，在加拿大部队重新回到战壕并严防死守之前，德国房获了 2 000 名战俘和大量军备。

像这样的"胜利"是西线常见的典型状况。但是德国人没有料到的是，用敌人无法防范的武器进行突袭，他们其实也没能占到便宜。此时此刻，德国人已经成了强弩之末。协约国西部战线很快就使用了毒气进行报复，双方旗鼓相当。

不管过去还是现在，毒气一直都是恐怖的武器，但对拥有同样装备的对手则没有明显的效果。双方都在大战期间持续释放毒气。哈伯一直在寻找新的配方，期望能产生战略上的突破，而不只是徒增伤亡。但他没有成功。

对爱因斯坦来说，这无疑是疯子的行为。他写道："我们所有值得骄傲的技术进步和文明，都能成为丧心病狂的人手中的斧子。"这句话现在已成为他最著名的名言之一。第一次世

界大战打破了爱因斯坦心中的某些东西，永远地毁灭了他直到
1914 年秋天都坚持的信仰。这个信仰能让所有国家的、无私
的精英联合起来：研究"这个巨大的世界 —— 它独立于我们
人类存在，它在我们面前就像一个伟大而永恒的谜"。年轻时
候的爱因斯坦"很快就注意到，许多我所尊敬和钦佩的人，在
专心从事这项事业时找到了内心的自由和安宁"。他认为来到
柏林，他就能加入这群人的行列。然而现在，就在他抵达这里
几个月后，那些"精英"都抛下了他。

但他还在坚守。他不是非得如此。他依然拥有瑞士国籍，
在战争期间可以穿过德国和瑞士的边境，况且苏黎世一直是他
最爱的城市。此外，由于英国海军的封锁，战时的柏林不仅在
政治上形势严峻，人们还得时常忍饥挨饿。但所有这些都不重
要，柏林有一个独到之处。那就是，就算爱因斯坦所有的同事
都被战争的狂热冲昏了头脑，至少他们未让他受到干扰。他的
妻子和孩子也已经走了，他独自一人生活。他在哈伯的化学研
究所里保留着办公室，在工作时忽略周围那些令他不快的事。
在不受干扰的情况下，他可以思考。

因此，8 月的震动一平息，爱因斯坦就回归了工作。10 月
19 日，他在普鲁士科学院进行了一场讲座，这是两场讲座中
的第一场。他讲的不是战争，而是引力，并提出了他认为已基
本完成的广义相对论。

在这两场讲座中，爱因斯坦称他的新理论不仅是针对

特定问题的解，而且是全新的思维方式。他解释了非欧几何在这项先驱性工作中的重要性。在非欧几何系统中，平行线可能会在弯曲的空间中相交。他称，这些概念不只是数学家手中的抽象玩具，而应该作为描述真实世界的实际方式。用这些方法得到的结果，使他的理论可与牛顿的引力理论进行比较：在爱因斯坦的引力理论中，时空的形状决定了物体的运动。

听众们从讲座中听到的完全是新鲜的信息。虽然从逻辑上看起来是充分的，但爱因斯坦承认他的理论还没有最终完成。爱因斯坦的理论中最为怪诞的部分是引力的几何学本质，这是人们难以理解的方面。尽管当初他的德国同事竭尽全力聘请了他，但还没有人能真正意识到他们刚刚聆听的讲座的真正意义。首先，牛顿的引力理论错了；其次，要正确理解引力，物理学家必须重新想象有关宇宙行为的基本假设。爱因斯坦两次当面告诉他们这两点并且在普鲁士科学院的学报上发表了 55 页的论文。这篇文章发表之后，爱因斯坦只收到几封来自国外研究者的信，与他讨论一些细枝末节，而且没有针对基础假设的探讨。但在柏林，就连细枝末节也没有人注意到。

爱因斯坦早有预料。在此之前，德国物理学的领袖人物马克斯·普朗克就已经警告过爱因斯坦，不要涉足引力问题。这个问题太难了，他说："即便你取得了成功，也没人会相信你。"科学会因为更好的思想得到发展，但当这些思想太过新奇的时候，科学家不会认可，至少不会每次都立即认可。

爱因斯坦忽略了普朗克的建议和同事们的冷淡。10 月份的讲座包括了他所能完成的引力理论最完整的内容。他的方程中依然存在一个没有解决的问题。在某些情况下，爱因斯坦的新理论（1913—1914 年）违背了狭义相对论中的一个关键原则：使用时空的数学语言，相对运动中的每位观测者都必须对同一事件做出等价的描述。

在当时，爱因斯坦认为相对论的广义化过程必然对引力影响下的运动起作用。但事实并非如此。不变性的丧失确实让人担忧。此刻，爱因斯坦已经尽了最大努力。他还是没能发现理论中可能出现的错误。

战争爆发的第一年年末，西线双方普通士兵宣布圣诞节休战（Christmas Truce），以庆祝这个美丽又忧郁的圣诞节。爱因斯坦在 1915 年的头几个月有些分心，他试图涉足实验物理领域，但未能成功。他思考了战争并痛恨战争，在这年晚些时候，他做了第一次关于战争与和平的公开声明，表达了他的愤怒之情。

在思想漫步了 8 个月之后，他再次回到了对引力问题的研究中来。

大卫·希尔伯特（David Hilbert）是爱因斯坦所处时代最具影响力的德国数学家，至今仍因其学术成果和"希尔伯特的23 个问题"而闻名于世 —— 希尔伯特在 1900 年列出的这些在当时尚未被解决的数学问题，需要在 20 世纪的数学研究中得到突破。对爱因斯坦来说，哥廷根大学教授希尔伯特有着特殊的魅力，因为他是少数几个对爱因斯坦的工作感兴趣的一流数学家之一。他做了柏林没有人做过的事——邀请爱因斯坦做六次讲座，深入介绍他的理论研究状况。

在 6 月底到 7 月初的那些讲座上，爱因斯坦仍然相信，自己之前两年的工作是令人满意的。他不很在乎自己全新的结果还不能和狭义相对论完全一致，也没注意到他在 1914 年提出的方程无法计算出正确的水星轨道。他依然坚信引力的本质是几何性的，至少从整体上来说没错，只是缺乏细节，他在哥廷根这样说。他感觉，他的讲座能让希尔伯特接受这些关于引力的新方法。

他是对的。希尔伯特相信了他，并且也开始研究起与狭义相对论相符的引力理论来。我们不知道，爱因斯坦是从什么时候开始意识到，有一位竞争者正在研究困扰了他达 8 年之久的问题；也不知道，他从什么时候起开始用批判的眼光检查这项工作。在 9 月 30 日之前，他告诉他的朋友，也是他的支持者弗罗因德利希，他的理论遇到麻烦。发现麻烦的契机是他突然抓住了早在 1912 年就面临的难题，那是一个在理想旋转参考系中提出的问题。他在分析旋转参考系中的加速运动时，发现结果违背了加速度和引力的等效关系——而等效原理是整个理论的基本原理。他告诉弗罗因德利希其中"存在明显的矛盾"——这对理论来说是致命的。他补充道，同样的问题还造

成了根据理论无法得到正确的水星轨道。最糟糕的是,他无法
找到突破口。他写道,"我不敢相信自己发现了错误,因为在
这个问题上,我总是沿着相同的思路前进。"[①]

爱因斯坦多么渴望能得到帮助啊!可是,弗罗因德利希没
有回应(至少回复信件没有被保留下来),他并不是专业的理
论学家。没关系,在接下来的几个星期中,爱因斯坦发现了解
决的办法。就在他头脑中形成答案的时候,他几乎是沉默了。
从 10 月 8 日开始,他只写了四封信,其中两封是写给一些机
构的研究简介;一封信写给苏黎世的朋友,信中大部分内容与
家庭有关;还有一封信写给他仰慕的荷兰物理学前辈洛伦兹
(Hendrik Lorentz),在信中讨论了他关于引力的新想法。其余
的时间里,爱因斯坦似乎将全部的精力都用于思考和计算。

如果回忆起来,这是爱因斯坦最辛苦的一段时期。

虽然没有详细的记录表明接下来六个星期中爱因斯坦的
工作细节,但关于最后推论的大概情形是清楚的。在战前与爱
因斯坦进行合作研究的格罗斯曼那里,一份爱因斯坦的笔记表
明,爱因斯坦研究了一些问题,并将它们添加到已有的理论
中,最终得到几近完整的结果。他在 1913 年就已经简单地思
考过相关的内容,但当时他放弃了这些思路。现在,两年时间
过去了,他有了新的看法。

[①] 我欣赏爱因斯坦承认自己的错误,希望这么说不会惹来麻烦。爱因斯坦从
来不曾怀疑过自己的能力,但是这提醒我们,哪怕是最具头脑的人也会出错。
至少这让我收获不少。

1914 年，爱因斯坦在柏林

　　接下来几个星期中，他用那些方法解决了之前的工作中的大问题，证明了加速运动和引力在所有的环境中都是等效的。10 月底，爱因斯坦知道，他的工作近乎完成了。11 月 4 日是星期四，这天他来到菩提树下大街，向普鲁士科学院展示了他四个进展中的第一部分。他还没来得及丰富全部新理论，最大的缺失是引力场的最终方程。他还没有为针对这个想法进行的任何关键检验得出具体的计算结果。但是目前的工作在逻辑上已经自洽了。此外，他证明了场方程的近似解就是牛顿的运动定律，就像它必须的那样。因为在太阳系中的大部分问题上，牛顿定律都是成立的。

到了下一个星期四，他又带着一个新进展来到科学院，不过这里面有个错误。他在两星期后修正了这个错误。他回到家里，继续思考、计算。又一个星期过去了。这个理论终于足够可靠到可以接受现实的考验。虽然在数学上还存在一些问题，但那不重要。那些是表层形式的问题，而不是物理的问题，他写道，"我很满意""暂时"不用去担心细枝末节。

相反的，他关注的是问题的核心：他在"坐标系统的原点放置了一个点质量——太阳"。接下来，他计算了这个点质量能够产生的引力场。分析这个引力场，几乎立刻就能发现第一件新奇的事情：太阳周围的星光发生弯曲。这在他早期的理论中就已经预测到，但这回还有一些不同：穿过太阳引力场的光会偏转 1.7 角秒，这个数值是他 1913 年理论预测值的 2 倍。

那个结果是一支序曲，一场热身赛。重要的事情即将发生，它将证明爱因斯坦的理论捕获了某些无法用其他的方法解释的事实。两星期以前，他表明牛顿引力理论从他对引力的全新数学描述的一阶近似（一个低分辨率的图像）中自然而然地显现了出来。他重复进行了分析，并将其扩展到下一个明显问题：从二阶或更高分辨率的解中，我们能发现什么？这后面是一页纸的数学证明，他得到了一个新的方程，其中一项来源于对牛顿引力的近似。

又推演了七步之后，他得到一个方程：这个方程可以用来分析行星绕行恒星运动的轨道。恒星仍然位于坐标原点，假如他知道一些通过观测得到的参数，他就能预测围绕原点运动的天体的近日点进动。

1915 年 11 月 11 日至 18 日之间

爱因斯坦收集了一些关于水星的数据。他写下了水星的周期，输入了轨道参数和水星与太阳的最小距离，并将光速值代入方程中，进行了计算。当他完成了这每一步的计算后，数字出现了。他凝视着结果……

1915 年 11 月 18 日

在普鲁士科学院展示他的工作时，爱因斯坦把他的情感隐藏在科学交流所需的礼貌之下，几乎没有表现出一丝激动的痕迹。"对水星的计算表明，"他对听众说道，"每过一个世纪，其近日点会进动 43 角秒，而天文学家们实际的观测值比用牛顿力学计算的理论值多出（45±5）角秒，且天文学家无法用牛顿理论解释这个结果。"反复检视这一明显的事实后，他说道，"因此这一（新）理论与观测结果完全一致"。

如此不带感情的语调也无法掩盖由他的发现所带来的震撼。数十年来试图对牛顿学说的拯救已经走到了终点。假设中的祝融星消失了，死去了，完全没有存在的必要了。宇宙中不再需要一大块儿物质才能解释水星的轨道了。没有未被发现的行星、没有小行星带、没有星际尘埃、没有扁球形的太阳，什么都没有 —— 除了这一全新的"引力"概念。太阳因其巨大的质量而使时空产生了凹陷。水星，被我们的恒星的引力场如此紧密地包围，深埋于太阳的引力凹坑中。[①] 与所有在时空中航行的物体一样，水星沿着那条扭曲的、四维的曲线运动……直到，正如爱因斯坦最终以数学的抽象形式捕捉到了这一切，这颗最内层行星的运行轨道远离了牛顿理论。

据说，牛顿是一个幸运的人，因为只有一个宇宙可以发现，而他已经发现了。据说，勒威耶在他的笔尖上发现了一颗行星。然而，在 1915 年的 11 月 18 日，爱因斯坦的笔摧毁了祝融星，同时也重新想象了宇宙。

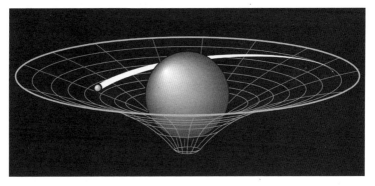

太阳周围巨大的时空凹陷使水星的运动轨道呈椭圆形，其近日点的进动与 1859 年勒威耶首次观测计算的数值精确地吻合

① 当距离较远时，太阳对局域时空的影响和其他行星的轨道可以近似地用牛顿理论来计算。通过现代的观测设备，我们有可能探测到太阳系其他天体的相对论效应。

　　私下和朋友在一起时，爱因斯坦允许自己享受胜利。用方程式就能表示正确的轨道，输入数字，然后出现了水星——用爱因斯坦自己的话来说，这就像是魔法。爱因斯坦充分感到，理论和现实的完美匹配简直是个奇迹。在他去科学院前一周中的某个时刻，他在书桌前工作并进行到最后的步骤时，正确的答案出现了。他这样告诉他的朋友：那是心脏真正在胸腔里战栗的时候——真正的心悸。他写道，那感觉像是什么东西与他相契合，并且在对另一个朋友描述时表示，他"欣喜若狂"。

　　很久之后，爱因斯坦试图再一次描述他第一次、一个人得到这个重大发现时的感受，但他做不到了。"多年以来在黑暗中寻找那种感觉得到却无以表达的真相，强烈地渴望着，自信与担忧不停地交替着，直到拨云见日，一切都清晰起来，"他写道，"只有经历过这些的人才会懂。"

后记:"渴望看到……先定的和谐"

进入广义相对论时代三星期后,祝融星就永远地消失了。在长达半个世纪的时间里,它一度被认为必须存在却始终缺席,然而,最终,被证明只是人们的想象。它反复地被"发现"对人类来说是一个教训,告诫人们多么容易就想当然地去理解事物,而非理解事物本来的样子。

然而,对于这颗折磨水星的幽灵行星的处理,爱因斯坦还没有完全完成他给自己设定的工作。1915 年 11 月 25 日,他连续第四次在星期四来到柏林城中心。在科学院里,他展示了自己关于引力的最终理论。没有遗留的错误,没有不必要的假设,没有特殊的观测者。他的工作完成了。讲座结束后,他可能还和同事们讨论了一会儿,然后才离开。

思想的火花还在持续。几天后,他告诉贝索,他感到"满意,但有一点疲惫"。他在写给一位物理学家朋友的信中表现得更多一些。仔细研究这些方程,他写道,因为"它们是我一生中最有价值的发现"。这个发现用最紧凑的形式表现出来,归结为一行简洁的方程，即爱因斯坦方程：

$$G_{\mu\gamma} = 8\pi G T_{\mu\nu}$$

等式的一边是时空，另一边是质能，二者合在一起，便是宇宙。这个方程定义了它们的关系 —— 简单来说，它展示了质量和能量共同告诉时空（宇宙）如何弯曲，时空又告诉质量和能量（宇宙中所包含的一切）如何运动。这是关于宇宙的理论，解释宇宙的形状、演变，甚至可能的最终命运。

1915 年末，几乎全世界都不知道一场智力革命刚刚赢得了胜利。距第一次世界大战结束还有三年更为艰难、残酷的时光，即使那是些真正掌握了广义相对论内涵的人，也无法逃离战争。在东方战线，卡尔·史瓦西（Karl Schwarzschild）在了解了爱因斯坦的讲座内容后，便深深被广义相对论吸引。1916 年 2 月，当卡尔·史瓦西还在军队服役时，就计算出了爱因斯坦场方程的第一个精确解 —— 这个结果指出了我们现在所说的黑洞。爱因斯坦不确信这一怪异的可能性是否具有任何现实物理意义，但他还是作为史瓦西的代理人向科学院提交了这篇论文。

那是史瓦西最后一项有意义的科学成就。在肮脏的战场环境中，疾病的威胁堪比子弹 —— 那个春天，他染上了一种罕见的皮肤疾病，并于两个月之后过世。私下里，爱因斯坦对史瓦西过分的爱国情怀感到惋惜；但在公开场合，他表达的是对失去史瓦西惊人的强大头脑的悼念。

　　瓦尔特·能斯特(Walther Nernst)是爱因斯坦另一位投身战争的同事。1913年,正是这位化学家的"朝圣之旅"让爱因斯坦离开苏黎世,选择了柏林。1914年8月,他踏上了一场堪比闹剧的旅程。他让妻子以完全军事化的方式训练自己,然后他驾驶着自己的汽车向西进发。此时德国军队正在向巴黎行进,他想为德军当情报员。一位50岁、还戴着眼镜的教授在前线并没有多大用处,因此不久后他就返回了柏林。但他把自己的两个儿子送进了军队,到1917年,两人都在战争中丧生。爱因斯坦对战争狂热分子的厌恶,本有可能使他蔑视这些遭受如此折磨的朋友们,但有些灾难实在是过于惨烈,即使是他,也无法超然的用一句"我告诉过你"而置之不理。在听说能斯特两个儿子的事情之后,他说,"我已经忘了如何去憎恨"。

　　数百万人在战争中丧生,欧洲变成了停尸房,科学界已经没有多余的智慧头脑思考时空的几何问题了。这使广义相对论处在一个尴尬的位置上。水星轨道问题的解决强有力地说明了这个新理论是正确的,但对任何新结论的最终证实都要看预测结果:它能否揭示一些尚未发现的现象,并经由观察或实验进行证实或反驳。广义相对论做了一些类似的预测,其中一个已经可以利用当时的技术检验:太阳的质量使光发生弯曲的程度是牛顿理论预测值的2倍,即1.7角秒而非0.87角秒。因此,对这项物理声明的决定性检验又一次落到了对日全食的观测上。①

　　由于欧洲依然陷落在战争的深渊里，组织一次远行几乎
是不可能的。但战争不会永远持续下去。1917 年年末，少数
英国科学家开始计划下一次可观测的日食，那将是在 1919 年
5 月 29 日，日食带跨越南大西洋。那是战后和平的第一年，
两个二人小组在春天出发了，一队去往巴西本土的索布拉尔
（Sobral）；另一队前往普林西比岛（Principe），这是西非沿岸
的一个小岛屿。去往普林西比岛的观测队于 4 月 23 日抵达目
的地，成员是天体物理学家阿瑟·爱丁顿（Arthur Eddington）
和他的助手。他们拍摄了控制图像，也就是夜空中的星空照
片，以便在日食发生时与观察到的相同星星做比较。无论是根
据牛顿还是爱因斯坦的理论，这些控制照片上的星星位置在日
食照片上都将有所变化。问题是，这个变化有多大。

　　5 月 29 日，观察者们遭遇了日食观测中常见的灾难：猛烈
的暴风雨，伴随着黎明而来。雨势在中午时分减小了，但直到
1 时 30 分天文学家们才第一次看到太阳，此时日食已经开始了。
云层在接下来的几分钟里变厚，但在全食临近时又消散了。爱
丁顿回忆时说："我们必须执行拍摄计划。"他们曝光了 16 次，
但只有最后 6 次看起来比较有希望。6 张照片中，有 4 张必须
回到英格兰才可以冲洗，而余下两张中只有 1 张拍到了足够清

_____

① 关于日全食观测验证广义相对论的问题，请参见译者导读。——译注

晰的天空,可以在野外进行初步分析。4 天之后,也就是在 6
月 3 日,爱丁顿第一次对星星位置进行了比较。

他找到了想要的答案:偏折角是(1.61 ± 0.3)角秒 ——
与爱因斯坦的预测足够接近,可以证明广义相对论的正确性。
尽管他后来回忆,那一刻是他生命中最伟大的时刻,但当时对
外发布的时候他要谨慎得多。他从普林西比岛发回英国的电报
非常简单:"透过云层。有希望。爱丁顿。"

爱因斯坦本人从未怀疑过这个结果。他的两位朋友,保
罗·奥本海姆(Paul Oppenheim)和他的妻子安娜·奥本海姆 –
费拉拉(Anna Oppenheim-Errara),在那个夏天前去探望他。
爱因斯坦当时身体不舒服,于是就在床上招呼客人。在他们谈
话的时候,洛伦兹的一封电报带来了尽管还没有完全证实,但
充满了希望的消息。75 年之后,安娜·奥本海姆依然记得那
个场景。爱因斯坦穿着睡衣,袜子露在外面。当电报被拿进
来以后,他打开了电报,然后说:"我知道我是对的。"奥本海
姆 - 费拉拉强调,不是他觉得或者相信他是对的。"他说,'我
知道。'"

到如今,在我们这个扭曲的宇宙里,即使是作为对考古
的兴趣,人们也几乎不再提及祝融星了。只有一小部分人对这
个故事有模糊的记忆 ——大多是对历史怀有特殊兴趣的物理
学家和天文学家。对他们来说,祝融星是一个警示故事:要得
到一个人想要的或者期望得到的结果简直太简单了。在这些描

述中，勒威耶本人表现得尤其差劲，他如此确定自己对水星的研究结果，如此急切地想要再一次品尝发现海王星的荣誉，以至于他将一个普通、业余的乡村医生捧成了半吊子专家。其他人，比如沃森，认为自己看到了长久以来遗失的行星，并带着这样的信念躺进了坟墓。他们都警醒人们，在严密、理性、完全实证性的科学世界里，"渴望"没有一丝用处。人们常常以为，过去就是过去了，现在要比过去更加聪明理智。也许这就是为什么以现在的眼光看来，相信祝融星的人多少有些滑稽。就像爱迪生和他的长耳大野兔，待他们回过头，发现其他人都伸长了脖子在看笑话。

不过，爱丁顿那张具有决定性的照片背后还隐藏着一个故事。这些结果的公布使爱因斯坦闻名全世界，即使在他过世60年后依然享有盛誉。这一名声的获得是因为爱丁顿和他的同事确信，他们并没有自欺欺人地寻找他们期望看到的结果。还记得去索布拉尔观测日食的那支队伍吗？那里的天气很好，那一队拍摄的有用照片比爱丁顿这一队多几张。当他们进行分析时，他们似乎展示了普林西比岛这支队伍所得结果的一半：牛顿的答案，而不是爱因斯坦的。爱丁顿确信在索布拉尔的那支队伍拍摄的图像有错误。但是这个错误，如果真是个错误，很难被发现。在9月份的时候，除了说观测到的偏折值在两个预测值之间，他不再做任何表态。

这只是暂时的。第二个月，爱丁顿和他的同事们确认索布拉尔队的主要仪器有一处光学缺陷，这造成了结果上的系统性错误。他们找到了另一台位于巴西的设备所拍摄的另外 7 张图像，结果与爱因斯坦的计算值相一致，证实普林西比岛队得到的数据为最佳结果。有了这些证据之后，爱丁顿才认为忽略那些矛盾的图像是合理的，并且向皇家学会发出了警示。

当然，爱丁顿是正确的，这就是所需的全部证据。索布拉尔队的主要仪器有缺陷，而爱丁顿最好的图像最接近正确结果。当然，更重要的是，广义相对论经受住了每一次考验：从宇宙的诞生和演化一直到你手机里 GPS 的精确性，黑洞，引力透镜和引力波，宇宙膨胀，甚至对于时间旅行的设想（虽然几乎不可能，但并非完全无法实现）——这些都存在于广义相

LIGHTS ALL ASKEW
IN THE HEAVENS

Men of Science More or Less
Agog Over Results of Eclipse
Observations.

—————

EINSTEIN THEORY TRIUMPHS

—————

Stars Not Where They Seemed
or Were Calculated to be,
but Nobody Need Worry.

—————

A BOOK FOR 12 WISE MEN

1919 年 11 月 10 日（星期一）的《纽约时报》头条新闻

对论的"故事集"中。而且,这个理论不仅充分地解释了很多事物,它还为人们提供了一个看待事物的新方法 —— 不仅仅局限于物理学,同时也在更广义的文化之中,科学是其中一部分。

要记住人类的这个事实:19 世纪中期,那些带着渴望凝视太阳的天文学家、物理学家以及对此感兴趣的普通人们,得出了一些相似的宇宙理论,所有这一切都暗示了祝融星的现实性。

那么,我们应该从这颗距太阳最近的并不存在的行星,以及广义相对论的全面胜利中学到什么呢?

至少我们应该认识到:在人类的认知中,科学是独一无二的,因为它可以自校正。每一个结论都是暂时性的,也就是说,每一个结论都在一些小的方面,甚至偶尔在一些非常重要的方面是不完善的。但在争论的过程中,我们不可能清楚地知道已有的知识和自然之间的差异意味着什么。我们现在知道了祝融星从来都没有存在过,是因为爱因斯坦告诉了我们这个结果。但对于勒威耶和他的追随者来说,在他的时代及之后半个世纪的时间里并没有像这样的确定方法。他们缺少的不是事实,而是一个框架,一个从另外的角度解释祝融星并不存在的思路。

这种洞察力并不会因为命令就产生。在洞察力出现之前,我们只能通过已知的事实来解释发现。在长达 50 年的时间里,人们固执地认为祝融星存在,说明了要人类放弃过去的幻影是多么的困难，建立牛顿引力理论及其继承者——广义相对论，是多么伟大的成就。

最后再说一下爱因斯坦。1918年，他在德国物理学会发表演说。在这次演讲中，他尝试着描述了一个在已知的边缘试图探寻未知自然的人的想法。他并没有谈逻辑、严谨性，或一些特殊的脑力天赋。相反，他提到了伟大工作背后的驱动力来自"渴望看到……先定的和谐"。要达到这一目标，当然需要研究者的日常工作，他们要学习数学，进行计算，与想法和实验中的错误进行没完没了的猫鼠游戏。这些都是必须去做的。但是日复一日地进行这些工作，还须以某种方式，那就是"促使人们去做这种工作的精神状态"。他说："同信仰宗教的人或谈恋爱的人的精神状态相类似的；他们每天的努力并非来自深思熟虑的意向或计划，而是直接来自激情。"①

两个多世纪以来，人类都生活在牛顿发现的宇宙里。祝融星的不存在并没有推翻这个居所，相反，它成了承载历史的标志。

现在，尽管一度看上去十分奇特，但我们就生活在爱因斯坦的美丽宇宙之中。

---

① 此处引文摘自《爱因斯坦文集》（第一卷），许良英、范岱年编译，商务印书馆1976年出版。——编注

致 谢

在那些促成本书从无到有的朋友中，首先我想感谢我的编辑萨姆·尼科尔森（Sam Nicholson），是他建议我去写些不同的东西。在萨姆和兰登书屋的极大信任下，此书最终得以呈现给大家。萨姆细致、严谨又总是充满宽容，他的编辑工作使每一篇手稿的质量都有了显著地提高。还要感谢我的代理人埃里克·卢普伐（Eric Lupfer），在他专业的引导下，本书从一颗无望的种子到最终开花结果；并且，他始终鞭策着我的写作事业。我对他们致以最深的谢意。

从一个"听上去不错"的想法到变成现实，这本书的产生要归功于两位挚友与我的两次谈话。尼尔·贝尔顿（Neil Belton）是我前一本书英文版的编辑，他现在正在他的新家中准备本书的出版工作。若干年前，他容许我在一次晚饭闲聊中畅谈祝融星的离奇历史。他也是第一个建议我将这些故事写成一本书的人。这使我心里有了些想法，但真正启动这个项目，还有另一次机缘。2014 年的春天，塔那西斯·科茨（Ta-Nehisi

Coates）跟我好好谈了谈这些想法，又过了两三个下午之后，他让我只管开始写，别顾虑最终写成什么样。如果没有这些督促，你在读的这本书就不会存在了。我欠塔那西斯和尼尔一声谢谢，下次见面一起喝几杯真正的好酒！

在关于祝融星的知识上，我最感激那些在我之前的作家和研究者们，我们都痴迷于这颗并不存在的星球。在参考书目中，你会看到列举了理查德·鲍姆（Richard Baum）、威廉·希恩（William Sheehan）、N. T. 罗斯维尔（N. T. Roseveare）、罗伯特·方坦罗斯（Robert Fontenrose），以及雅姆·勒克（James Lequeux）的作品。虽然我曾就以上作者作品中的一些观点进行过争辩，但正如那位伟人说过的，我是站在了他们的肩膀上。

此时此刻，我要特别感谢我在麻省理工学院的同事戴维·凯泽（David Kaiser）和艾伦·亚当斯（Allan Adams），加州理工学院的肖恩·卡罗尔（Sean Carroll）以及康奈尔大学的保罗·金斯巴格（Paul Ginsparg）。他们都在本书的不同完成阶段阅读过手稿。以戴维来说，他自虐般地反复审阅以确保本书内容的正确性。身为一名作者，有如此多仗义援手的同事，实在是太幸运了。每个人都使本书更加完善，他们已如此用心，若仍存错误，便尽数是我的责任。马特·斯特拉斯（Matt Strassler）教授在关于水星历史问题的资料方面给予我许多指点。长期以来，与亚伯拉罕·佩斯（Abraham Pais）、西蒙·谢弗（Simon Schaffer）、杰拉尔德·霍尔顿（Gerald Holton）和彼得·加里森（Peter Galison）等人的对谈也令我受益匪浅，我更加透彻地了解了那段物理学历史以及那些名人在其中所起的作用。

还要再三感谢那些在我为本书做调研过程中给予我帮助的朋友们。卡拉·贾伊莫（Cara Giaimo）在使用报纸档案方面提供了宝贵的协助。美国遗产中心和怀俄明大学赫巴德历史地图集（Hebard Historic Map Collection）的档案管理员热情地接待了我，并不惜花费时间帮助我。在卡本县博物馆，我得到了出乎意料的收获与善意。还要感谢卡本县的治安官部门，把我租来的车从冰雪中拖出来，因为我太过冒险去寻找历史上塞帕雷申的位置。是的，我就是这样一个城市滑头。

对兰登书屋参与本书出版的每一位工作人员表示感谢，尤其是联合发行人汤姆·佩里（Tom Perry）、文字编辑丽达·沙因陶布（Leda Scheintaub）、封面设计师约瑟夫·佩雷斯（Joseph Perez）、书籍设计师西蒙·M. 沙利文（Simon M. sullivan）以及和我一起完成图片版权与许可工作的出版实习生莉莉·崔（Lily Choi）。

我要向我的同事们表示深深的感谢，他们堪比我的家人和朋友，自始至终给予我和这个项目以鼓励。我在麻省理工学院的同事们都很体贴、聪明，对我充满支持、令我受到鼓舞。我要感谢玛西亚·芭楚莎（Marcia Bartusiak）、艾伦·莱特曼（Alan Lightman）、塞思·姆努金（Seth Mnookin）和香农·拉尔金（Shannon Larkin）；还要感谢系主任埃德·夏帕

（Ed Schiappa）和所有其他的同系同事，尤其是朱诺特·迪亚斯（Junot Diaz）和乔·霍尔德曼（Joe Haldeman），他们详细为我讲解了一些工作的步骤。约翰·杜兰特（John Durant）是麻省理工学院博物馆馆长，更是我多年以来的朋友和导师。许多科学界、科学写作界和出版界的朋友都给予我鼓励，在这里凭着记忆列出，排名不分先后：卡尔·齐默（Carl Zimmer）、莉萨·兰德尔（lisa Randall）、尼基（韦罗妮克）·格林伍德 [Nikki (Veronique) Greenwood]、肖恩·卡罗尔（Sean Carroll）、罗丝·埃弗利恩（Rose Eveleth）、尼尔·德格拉斯·泰森（Neil deGrasse Tyson）、珍妮弗·奥莱特（Jennifer Ouellette）、布赖恩·格林（Brian Greene）、丽贝卡·塞尔坦（Rebecca Saletan）、戴维·波丹尼斯（David Bodanis）、安·哈里斯（Ann Harris）、埃德·扬（Ed Yong）、德博拉·布卢姆（Deborah Blum）、约翰·鲁宾（John Rubin）、本·利利（Ben Lillie）、约翰·蒂默（John Timmer）、玛丽安·麦克纳（Maryn McKenna）、伊恩·康德瑞（Ian Condry）、丽贝卡·萨克斯（Rebecca Saxe）、埃德·博钦格（Ed Bertschinger）、南希·坎韦施（Nancy Kanwisher）、史蒂夫·麦卡锡（Steve McCarthy）、阿洛克·杰哈（Alok Jha）、弗吉尼亚·休斯（Virginia Hughes）、史蒂夫·西尔贝曼（Steve Silberman）、玛吉·克尔斯－贝克（Maggie Koerth-Baker）、凯文·方（Kevin Fong）、戴维·多布斯（David Dobbs）、安娜丽·纽威茨（Annalee Newitz）、埃里克·迈克尔·约翰逊（Eric Michael Johnson）、迈亚·塞拉维茨（Maia Szalavitz）、蒂姆·德钱特（Tim de Chant）、

蒂姆·费里斯（Tim Ferris）和埃米·哈蒙（Amy Harmon）。当然，也要特别感谢我在麻省理工学院科学写作研究生项目中的学生们，尤其是参与了本书创作的 2015 级的同学们：雷切尔·贝克尔（Rachel Becker）、克里斯蒂娜·库奇（Christina Couch）、卡拉·贾伊莫（Cara Giaimo）、迈克尔·格列什科（Michael Greshko）、安娜·诺沃格洛达兹克（Anna Nowogrodzk）、萨拉·施尔茨（Sarah Schwartz）和乔希·索科尔（Josh Sokol）。

我对家人的感激之情不仅仅局限于这本书。我的兄弟姐妹理查德（Richard）、艾琳（Irene）和利奥（Leo），他们的家人简（Jan）和丽贝卡（Rebecca），还有我妻子的兄弟姐妹乔恩（Jon）、克里克特（Kricket）、朱迪（Judy）、盖伊（Gay）、海因茨（Heinz）、内娃（Neva）和泽弗（Zeph），我的侄子侄女们（还有我的侄孙和侄孙女！）。他们的爱关怀并支持着我。我真的特别感谢他们，不仅仅是因为他们掌握了不"太"频繁地询问我写书进度的艺术。

最后，我要感谢我的儿子亨利和妻子卡塔，对他们的感激无以言表。年复一年，他们耐心、宽容地待我，给我带来欢笑，在我需要时及时出现，并全身心地爱我。如果没有他们，这本书和它的作者都不会是现在的样子。亨利和卡塔，你们是我此生最大的幸运。

注　释

缩　写

CRAS: 法国科学院会议周报，网址：http://gallica.bnf.fr/ark:/12148/cb343481087/
date.langEN.

CPAE: 爱因斯坦论文集，网址：http://einsteinpapers.press.princeton.edu/.

前　言

vii　客观事物服从于数学：必须感谢亚历山大·柯瓦雷（Alexander
Koyré），他创造了"客观事物服从于数学"的概念来描述伽利略的
成就。这个表述太过贴切以至于不能只用一次。

vii　当完成水星轨道计算：Einstein to Paul Ehrenfest, *CPAE* 8, document
182, 179, and Einstein to Adriaan Fokker and to Wander Johannes de
Haas, quoted in Abraham Pais, *Subtle Is the Lord*, 253.

第 1 章　"牢不可破的世界秩序"

3　痛苦的差事：Cook, *Edmond Halley*, 140; 148.

4　雷恩不相信他：Ibid., 147–148, and Westfall, *Never at Rest*, 402–403.

5　死于 1684 年的春天：Westfall, *Never at Rest*, 407.

6　"我计算过"：Ibid., 403.

7　牛顿还进一步：Ibid., 403–406.

8　1687 年：《原理》有许多英文译本，我推荐 I. Bernard Cohen 和 Anne
Whitman 的 Isaac Newton, *The Principia*. (Berkeley: University of
California Press, 1999). 该译本的内容细致全面，并且包含由 Cohen
所作的长篇导读，极具阅读价值。

9　"一个模糊的斑点"：Gottfried Kirch, quoted in Gary Kronk, "From
Superstition to Science," 30–35.

9　　抛物线：J. A. Ruffner, "Isaac Newton's *Historia Cometarum*," 425–451.

11　"理论与规律一致"：Newton, *The Principia*, trans. Cohen and Whitman, 916. Italics added.

11　"我们此刻获准"：Edmond Halley, "Halley's ode to Isaac Newton" *Newton, The Principia*, trans. Cohen and Whitman, 379–380.

第 2 章　"快乐的思想"

16　近乎圆形的轨道：Baum and Sheehan, *In Searth of Planet Vulcan*, 50–51.

18　他将新方法应用于：关于拉普拉斯处理天王星的工作参见 Roger Hahn, *Pierre Simon Laplace, 1749–1827: A Determined Scientist*, 77–78。

22　当时精度最高：Gillispie et al., *Pierre-Simon Laplace 1749–1827: A Life in Exact Science*, 127–128.

22　"运用严格的计算"：Laplace to Le Sage, April 16, 1797, quoted in Hahn, *Pierre Simon Laplace*, 142.

22　一切现象：此处讨论摘自哈恩（Hahn）所著的《拉普拉斯》（*Pierre Simon Laplace*）一书，特别是第 158 页。决定论的定义是这一概念的常见简化形式，具有多种义项。此处取自维基百科上"决定论（Determinsm）"的第一项词条。

23　"没有找到上帝的名字"：对这一传说存在争议，此处选取版本：Roger Hahn, "Laplace and the Vanishing Role of God in the Physical Universe," in Harry Woolf, ed., *The Analytic Spirit: Essays in the History of Science* (Cornell University Press, 1981), 85–86.

24　赫歇尔在他的日记中这样记录：William Herschel, quoted in Roger Hahn, *Pierre Simon Laplace*, 86.

25　"他只是忽略了"：Hahn in Harry Woolf, ed., *The Analytic Spirit: Essays in the History of Science*, 95.

25　"我们可以把宇宙现在的状态"：Pierre Simon Laplace (trans. Truscott and Emory), *Essai philosophique sur les probabilités*, 4. 拉普拉斯在其 1812 年出版的《分析概率论》（*Théorie analytique des probabilités*）一书中提出了全面的知识思维能力。至少从 1768 年起，拉普拉斯就一直在思考这个与他的朋友兼同事孔多塞（Condorcet）的工作具有

相似性的构想，偶尔也会写一些这方面的想法。

第 3 章 "这颗星没在星图上"

27　导游手册：Galignai, *Galignani's New Paris Guide*, 367, and Baedeker (firm), *Paris and Environs*, 7th ed., 276.

29　"我不仅是接受"：Lequeux, *Le Verrier—Magnificent and Detestable Astronomer*, 4.

29　"拉普拉斯的遗产"：Jean Baptiste Dumas, Sept. 25, 1877, quoted in Lequeux, *Le Verrier*, 5.

30　才花费了两年的时间：Le Verrier, "Sur les variations séculaires des orbites des planètes," *CRAS* 9 (1839), 370–374. 相关讨论：Lequeux, *Le Verrier*, 7–8, and Baum and Sheehan, *In Search of Planet Vulcan*, 70–71.

31　"近些年来"：Le Verrier, "Détermination nouvelle de l'orbite de Mercure et de ses perturbations," *CRAS* 16 (1843), 1054–1065, quoted in Lequeux, *Le Verrier*, 13.

31　水星的质量：Lequeux, *Le Verrier*, 13.

32　他叫道，"现在！"：Baum and Sheehan, *In Search of Planet Vulcan*, 73.

33　现实和计算没能统一：Airy, "Account of Some Circumstances Historically Connected with the Discovery of the Planet Exterior to Uranus," 123.

34　牛顿引力常数会随着距离的变化而变化：Grosser, *The Discovery of Neptune*, 44; 相关讨论：Baum and Sheehan, *In Search of Planet Vulcan*, 80.

35　"扰动着天王星"：Eugène Bouvard, "Nouvelle Table d'Uranus," 525. Cited in James Lequeux, *Le Verrier*, 24.

35　穿过英吉利海峡：Lequeux, *Le Verrier*, 25.

35　"接下来的几个运动周期"：Airy, "Account of Some Circumstances Historically Connected with the Discovery of the Planet Exterior to Uranus," 124–125.

35　阿拉戈把他拉出来：Le Verrier, "Première Mémoire sur la théorie d'Uranus," 1050, translation in Lequeux, *Le Verrier*, 26.

35　"勒威耶重新计算"：Grosser, *The Discovery of Neptune*, 99.

36　尚未被发现的天体：Ibid., 100.

36 一颗尚未被发现的天王星外行星：关于同时代这方面的思考：John Pringle Nichol, *The Planet Neptune*, 65; 84.

37 "存在一颗新行星"：Le Verrier, "Recherches sur les mouvements d'Uranus," 907–918, translation in Lequeux, *Le Verrier*, 28.

38 直径为3.3角秒：Le Verrier, "Sur la planète qui produit les anomalies observées dans le mouvement d'Uranus," 428–438. 此处重申：我非常信任雅姆·勒克（James Lequeux）在2013年为勒威耶所撰写的传记，以及由 Baum 和 Sheehan 合著的 *In Search of Planet Vulcan*。和他们一样，我发现莫顿·格罗瑟（Morton Grosser）1962年的作品非常宝贵。

38 没有一位：Lequeux, *Le Verrier*, 33.

39 "一颗等待被发现的行星"：Le Verrier to Galle, September 18,1846, quoted and translated in Grosser, *The Discovery of Neptune*, 115.

插曲："太不可思议了"

43 "我不捏造假设"：Newton, *The Principia* (trans. Cohen and Whitman), 943.

45 "不变的超自然"：Benson, *Cosmigraphics*, 144.

46 牛顿称之为力：对牛顿同时代的人来说，力的概念很奇怪（从某种意义上来说，今天依然奇怪）:see physicist Frank Wilczek's essy "Whence the Force in F-ma?"

48 "不可能失败，而是真正的"：Newton, *The Principia* (trans. Cohen and Whitman), 916。

49 他是神秘的炼金术士：关于牛顿的炼金术有大量文献可参考。贝蒂·乔·蒂特·多布斯（Betty Jo Teeter Dobbs）发掘了这一领域，她的论文 "From Newton's Alchemy and His Theory of Matter" 收录在 Cohen 和 Westfall 编著的 *Newton：Texts, Backgrounds and Commentaries* 中；其他参考文献还包括卡伦·菲加尔（Karen Figala）的论文，收录于 Cohen 和 Smith 编著的 *the Cambridge companion to Newton* 中；由威廉·纽曼（William Neman）负责运行的网站 The Cymistry of Isaac Newton (http://webapp1.dlib.indiana.edu/newton/) 上也收集了很多资料。

49 终极动因：Newton in the General Scholium to *the Principia* (trans. Cohen and Whitman), 940–943。

49 "没什么意思"：Catalogue of the Portsmouth Collection of books and papers written by or belonging to Sir Isaac Newton, xix.

第 4 章 38 秒

53 在笔尖上：François Arago, quoted in James Lequeux, *Le Verrier*, 50.

53 "勒威耶的贡献"：Ellis Loomis, *The Recent Progress of Astronomy*, 50. Emphasis in the original.

54 称呼天王星：See, for example, Le Verrier, U.J.J. letter to the Ministry of Public Instruction in Institut de France, *Centennaire de U.J.J. Le Verrier* (Paris: Gauthier-Villars, 1911), 50.

55 显而易见的选择：关于命名的争议被人们广泛的描述。此处摘自 James Lequeux, *Le Verrier*, 52–53, 这里引自乔治·艾里的信件，其中提到一些北欧的天文学家。See also Baum and Sheehan, *In Search of Planet Vulcan*, 109–110.

55 "梳理整个太阳系"：Le Verrier to the Ministry of Public Instruction, in Centennaire, 51, translation in James Lequeux, *Le Verrier*, 62.

58 谷神星和智神星：关于勒威耶在小行星方面工作的讨论：see Lequeux, *Le Verrier*, 72–75；该处描述即基于此。

59 勒威耶的第一项小行星研究成果：Le Verrier, "Sur l'influence des inclinaisons des orbites dans les perturbations des planètes," 344–348, cited in Lequeux, *Le Verrier*, 72.

60 原因相同：Le Verrier, "Considérations sur l'ensemble du système des petites planètes situées entre Mars et Jupiter," 794.

60 在小行星带上：Lequeux, *Le Verrier*, 74.

60 "全部事实"：Poincaré, *The Value of Science*, 355.

62 当然，这个人就是勒威耶：Lequeux, *Le Verrier*, 61–65; 78–84. See also Robert Fox, *The Savant and the State*, 116–118.

62 "对其他人的工作都显得缺乏好奇心"：Joseph Bertrand, "Éloge historique de Urbain-Jean-Joseph Le Verrier," 96–97. Translation by the author.

63 "视作自己奴隶的"：Camille Flammarion, quoted in Lequeux, *Le Verrier*,

128.

63　离开了天文台：年轻的访问者是弗拉马里翁（Camille Flammarion），他在 1858 年见到勒威耶，引自 James Lequeux, *Le Verrier*, 128. 达韦杜安（Daverdoing）的引用源自一个历史学家收集的文本，该历史学家组织出售勒威耶的书籍和论文，参见 Lequeux, *Le Verrier*, 130. 1854 年至 1867 年间从天文台离职的人员名录由勒克（Lequeux）统计，列于第 135 页。

64　表述正常：1860 年，勒威耶在火星轨道上确定了一个精确的未曾被发现的异常，但这个问题从未引起他对水星进一步的兴趣和关注。

64　"不完全一致"：Le Verrier, "Nouvelles recherches sur les mouvements des planètes," 2, translated in N. T. Roseveare, *Mercury's Perihelion*, 20.

65　"有些计算不够精确"：Ibid.

65　依靠优质的时钟：关于勒威耶提出的这一观点："Lettre de M. Le Verrier à M. Faye sur la théorie de Mercure et sur le mouvement du périhélie de cette planète," and the quality of transit information is discussed in Baum and Sheehan, *In Search of Planet Vulcan*, 135.

67　勒威耶计算：Le Verrier, "Théorie et Table du mouvement de Mercure," 99.

67　每世纪 38 角秒：关于这一解释：Roseveare，*Mercury`s Perihelion*, 20-24。书中对水星的问题从第一次出现到最终的解决都给出了最好的技术阐释。

第 5 章　扰动质量

68　他同时代的天文学家也没有怀疑过：勒威耶确实在 1861 年面对过公众的挑战。当时，夏尔·欧仁·德洛奈（Charles Eugène Delaunay）（也是勒威耶长期以来的对手）提出，勒威耶对解决水星问题进行更加精确的理论工作根本缺乏耐心。勒维耶用他的观测数据修正了水星的方程式，正当地驳斥了这一主要异议。他在维护自身的正确性方面具有优势。关于这一事件参见 Lequeux, *Le Verrier*, 169。

68　"探寻质量"：Le Verrier, "Théorie et Table du mouvement de Mercure" (1859), 99, translation from Lequeux, *Le Verrier*, 102.

69　"一群小行星"：Le Verrier, "Lettre de M. Le Verrier à M. Faye sur la théorie de Mercure," 382.

69 "可能": ibid.

70 "勒威耶所指定的区域": Hervé Faye, "Remarques de M. Fay à l'occasion de la lettre de M. Le Verrier," 384.

71 "这个巨大的世界": Einstein, "Autobiographical Notes," in Schilpp, ed., *Albert Einstein: Philosopher-Scientist*, 5.

72 一个目标跃入视场: Fontenrose, "In Search of Vulcan," 156.

73 他"打破了沉默,": Le Verrier, "Remarques," 45.

74 两个人要去看一看: Ibid., 46.

74 12英里: Brewster, "Romance of the New Planet," 9.

76 发现了第一颗水内行星: 穆安（Moingo）记述了勒威耶的到访。对这一到访的注释和重述见 Brewster, "Romance of the New Planet," 7–12.

76 重复发生凌日现象: 关于勒威耶的计算结果: "Remarques," 46. 关于结果以及对其含义的一些讨论, 见 Baum and Sheehan, *In Search of Planet Vulcan*, 156.

76 不乏对莱斯卡尔博医生的溢美之词: 这是对莱斯卡尔博狂热的寻找水星内部星球报告公布的回应, 关于这一描述: Baum and Sheehan, *In Search of Planet Vulcan*, 155–160.

第6章 "搜索将圆满结束"

78 "奇功": "A Supposed new interior planet," *Monthly Notices of the Royal Astronomical Society*, 2015 (1860): 100.

78 更实际的是: R. C. Carrington, "On some previous Observations of supposed Planetary Bodies in Transit over the Sun," 192–194.

78 本杰明·斯科特: Fontenrose, "In Search of Vulcan," 146.

78 苏黎世天文学家鲁珀特·沃尔夫: Ibid., 147, Baum and Sheehan, *In Search of Planet Vulcan*, 141.

79 沃尔夫的列表引起了其他天文学家的注意: 关于对拉道报告的讨论见一篇未署名的文章 "A supposed new interior planet."

79 拉道发表了结果: Radau (misprinted Radan), "Future Observations of the supposed New Planet," 195–197.

79 多方进行的行星追捕活动: Unsigned, "Lescarbault's Planet," 344.

81　"盲人经济学家"亨利·福西特："Transactions of the Sections," 142.

81　"曼彻斯特的拉米斯先生"：Unsigned, "A Descriptive Account of the Planets," 129–131.

81　"清晰的圆形"：Emphasis in the original.

82　但许多人坚持认为：Fontenrose, "In Search of Vulcan," 147.

82　19 世纪 60 年代：Unsigned, "A Descriptive Account of the Planets," 129–132.

82　一位毫不起眼的孔巴里先生：Le Verrier, "Lettre de M. Le Verrier adressée à M. le Maréchal Vaillant," 1114–1115

82　勒威耶公开支持：Ibid., 1113.

82　四位日食观测专家：E. Ledger, "Observations or supposed Observations of the Transits of Intra-Mercurial Planets," 137–138. "用肉眼"强调原文出处。

83　本杰明·阿普索普·古尔德有着完美的波士顿血统：这一精简介绍提取自 Trudy E. Bell's entry in the *Biographical Dictionary of Astronomers*, 833–836, Springer: 2014, 网址见 http://link.springer.com/reference workentry/10.1007%2F978-1-4419-9917-7_534.

84　古尔德把他的结果发给：Benjamin Gould to Yvon Villarceau, September 7, 1869, in *CRAS* T69 (1869): 813–814.

85　然而，别太早下定论：Ibid., 814.

85　他说服了其他 15 位观星爱好者：William Denning, "The Supposed New Planet Vulcan" (1869), 89.

86　可是祝融星顽固地拒绝：关于丹宁发表的否定结果：*The Astronomical Register*, vol. VII, page 113. 他提出了他的研究计划，并把结果发表在同一期刊上，参见 vol. VIII, pages 78–79 and 108–109; 关于他在 1871 年的研究结果，参见 vol. IX, page 64.

87　"普林斯顿的斯蒂芬·亚历山大"：*the New York Times*(unsigned), May 27, 1873, 4.

87　祝融星只是隐藏起来了：C. A. Young, "Memoir of Stephen Alexander: 1806–83," read before the National Academy, April 17, 1884, "Vulcan" online at http://www.nasonline.org/publications/biographical- memoirs/ memoir-pdfs/alexander-stephen.pdf.

87　鲁珀特·沃尔夫将消息发往：这里描述源自沃尔夫发表在《旁观者》杂志上的信件，并转载于 Little's Living Age, vol. 131, issue 1690 (November 4, 1876), 318–320.

88　一再保证看到过祝融星：Fontenrose, "In Search of Vulcan," 149.

88　"天文学教科书"："The New Planet Vulcan" Manufacturer and Builder (unsigned), vol. 8, no. 11 (November 1876), p. 255.

88　"祝融星很可能存在"："Vulcan," The New York Times (unsigned), Sept. 26, 1876, 4.

89　"祝融星是存在的"：Ibid.

89　他注意到 5 次观测：Le Verrier, "Examen des observations qu'on a présentées à diverses époques comme appartenant aux passage d'une planète intra-mercurielle (suite). Discussion et conclusions." CRAS T83 (1876), 621–624 and 649.

89　头条新闻的作者要失望了：Scientific American 36, 25 (December 16, 1876), 390. 本部分中的信息在很大程度上源自 Robert Fontenrose 所创作的 In Search of Planet Vulcan 一书而收集的材料，见第 148–150 页。

89　因此勒威耶的断言中留有退路：Le Verrier, "Examen des observations..." CRAS T83 (1876), 650.

90　勒威耶没再多说什么：Baum and Sheehan, In Search of Planet Vulcan, 180.

90　他接受了圣餐礼：Lequeux, Le Verrier, 304.

90　最后一刻：Baum and Sheehan, In Search of Planet Vulcan, 181.

第 7 章　"躲藏了这么久"

91　"这片土地"：所有关于爱迪生在罗林斯的细节和酒店的遭遇都来源于爱迪生的记录："Edison's Autobiographical Notes," consulted at the Carbon County Museum. 关于爱迪生在怀俄明的旅行：例如 Frank Lewis Dyer and Thomas Commerford Martin, Edison: His Life and Inventions (New York: Harper Brothers, 1929), Chapter Ten.

92　"不是'不法之徒'"：怀俄明大学历史学家 Philip Roberts 指出，这一事件不可能发生在爱迪生下榻的第一晚，见 "Edison, The Electric Light and the Eclipse," in Annals of Wyoming 53, 1 (1981), 56.

94 联邦政府投入：Baum and Sheehan, *In Search of Planet Vulcan*, 195.

94 氦元素：十多年后氦元素才被伟大的苏格兰化学家威廉·拉姆赛 (William Ramsay) 在地球上分离出来。

95 "这里"：Simon Newcomb, "Reports on the total solar eclipseson July 29, 1878, and January 11, 1880," 100.

96 最繁华时：Baum and Sheehan, *In Search of Planet Vulcan*, 201.

96 纽康的助手发现：Newcomb, "Reports on the total solar eclipseson July 29, 1878, and January 11, 1880," 100.

96 在塞帕雷申住上几天之后：Baum and Sheehan, *In Search of Planet Vulcan*, 201–202. 对云堆积模式的描述来自纽康，见 "Reports on the total solar eclipseson July 29, 1878, and January 11, 1880," 111.

97 "晴朗而明亮"：Baum and Sheehan, *In Search of Planet Vulcan*, 202.

98 飞扬的尘土遮蔽了天空：Newcomb, "Reports on the total solar eclipseson July 29, 1878, and January 11, 1880," 102.

98 绝望没有得到缓解：W. T. Sampson, "Reports on the total solar eclipseson July 29, 1878, and January 11, 1880," 111.

98 两名新的观测者：Ibid.

98 自己的望远镜：Newcomb, "Reports on the total solar eclipseson July 29, 1878, and January 11, 1880," 102.

100 树叶间的空隙：亚里士多德是西方观察自然科学的创始人。《物理学问题集》(*Problemata Physical*) 系列第 15 本书中提到了这种效应。亚里士多德的描述是西方科学经典中关于此现象现存的第一个记录。

100 他将目光投向变色的天空：Newcomb, "Reports on the total solar eclipseson July 29, 1878, and January 11, 1880," 101; 104.

100 "从我之前的经验来看"：Watson, "Reports on the total solar eclipseson July 29, 1878, and January 11, 1880," 119.

103 他跑向纽康：Ibid., 120.

103 纽康后来确认：Newcomb, "Reports on the total solar eclipseson July 29, 1878, and January 11, 1880," 105.

103 他不怀疑 "a" 的存在：Watson, "Reports on the total solar eclipseson July 29, 1878, and January 11, 1880," 120.

103 《拉勒米前哨周刊》：*Laramie Weekley Sentinel*(unsigned), August 3, 1878, 3. 强调部分为原文所有。

104 新闻传遍了世界：关于洛克耶的电报以及伦敦《泰晤士报》报道的引文见 Baum and Sheehan, *In Search of Planet Vulcan*, 209–210. 对斯威夫特目击的讨论见 1878 年 8 月 4 日《纽约时报》第 1 页一条未署名的评论。

104 它的第一篇报道：*New York Times,* July 30, 1878, 5.

104 报纸发表了沃森的声明：James Watson, *New York Times*, August 8, 1878, 5.

104 "杰出的发现：*New York Times*, August 16, 1878, 5.

105 沃森从来没有接受过任何质疑：James Watson, quoted in Fontenrose, "In Search of Planet Vulcan," 153.

105 一开始：Ibid., 151.

106 他指控沃森：C. F. H. Peters in an unsigned article,"The Intra-Mercurial Planet Question," 597.

106 沃森的回应：Watson "Schreiben des Hern Prf. Watson an der Herausgeber," *Astronmische Nachtrichten* (1879) (95) 103–104, also cited in Baum and Sheehan, *In Search of Planet Vulcan,* 220–221.

106 指责彼得斯的语气："The Intra-Mercurial Planet Question," 597–598. Italics in original.

108 这趟西部之行：Thomas Edison in the *Cheyenne Daily Leader,* July 19, 1878, quoted in Roberts, "Edison, The Electric Light and the Eclipse," 55.

108 他是这拓荒之地的新来者：从怀俄明州罗林斯卡本县博物馆了解到，爱迪生在 1908 年和 1909 年撰写的自传笔记中记录了他对西部旅行的回忆。本节的材料来自这些记录，也来自塞帕雷申站管理员 John Jackson Clarke, "Reminiscences of Wyoming in the Seventies and Eighties," *Annals of Wyoming*, 1929, 1 and 2, 225–236. 对日食的回忆见 228–229 页。

108 爱迪生辨认出兔子的轮廓：克拉克写道，爱迪生开了四枪，而且实际上每次都击中了目标，正如他写到，"给笑话赋予了另一个角度。" Clarke, "Reminiscences of Wyoming in the Seventies and Eighties," 229.

插曲："解决问题的特殊方法"

112　现有的观测事实：早期宇宙中最热的区域与最冷的区域的温度差别只有 0.000 5 开尔文（符号为 K）。见 http://www.astro.ucla.edu/~wright/CMB-DT.html.

114　确凿证据：膨胀已经通过许多观测实验获得了证实，可能最重要的是预测与宇宙包含的大量的物质之间是否匹配，另一个则是关于 CMB 波动的特定模式。

114　暴胀理论的提出者之一喜极而泣：See Andrea Denhoed, "Andrei Linde and the Beauty of Science," *The New Yorker*, March 18, 2014, http://www.newyorker.com/culture/culture-desk/andrei-linde-and-the-beauty-of-science.

116　探测已经展开："北极熊"（POLARBEAR）实验展示了对 B 模式极化单独的测量，它支持宇宙引力波的解释，但是并未达到 BICEP 团队最初声称的置信度。其他的方法包括通过气球发射的"蜘蛛"（SPIDER）微博望远镜阵列和第三代 BICEP 仪器，在撰写本文时已初见曙光（当然是通过微波波长范围内）。

116　大爆炸的余晖：我从我的同事阿兰·莱特曼（Alan Lightman）那里"偷"走了这个形容词，他有一部关于宇宙学的著作，名为 *Ancient Light*。在此，我遵循约翰·列侬的格言"业余爱好者善于借，专业人士善于偷"（Amateurs borrow. Professionals steal.），这句话从 T.S. 艾略特（T. S. Eliot）的想法中递归衍生而来。[艾略特的原话是："不成熟的诗人模仿，成熟的诗人剽窃"（Immature poets imitate; mature poets steal...）]

116　"特殊方法"：Richard Feynman, *The Meaning of It All,* 5; 15.

117　所有的高中生：网络资源 :https://quizlet.com/56822475/scientific-method-flash-cards/.

117　把曼妥思薄荷糖放进可乐：http://www.sciencefairadventure.com/ProjectDetail.aspx?ProjectID=146. 更多需要调查的问题还有：与同量的苏打水相比，食用苏打水会喷多高？是什么导致了这种差异？

117　为大学生们：Frank L. H. Wolfs, online resource at http://teacher.nsrl.rochester.edu/phy_labs/AppendixE/AppendixE.html. 要注意，以上关于这个或者科学展览会的事宜没有任何例外。重点就在于：这些是

科学实践的典型叙述，而不是特例。

118 1878 年 7 月之后：少数一些人在日后的日食中继续寻找祝融星，但他们（仍然）没有任何发现；在接下来超过十年的时间里，人们对这一观察方向的兴趣持续消失。

118 遭到反驳：1906 年，另一个物理学理论出现了，它似乎与黄道光方案相似但不完全相同。一些研究人员追随这个理论，但它遭受了一些与早期说法相同的反对意见，关于这些意见见 Roseveare, *Mercury's Perihelion,* 68–94.

119 令人不安，却又必然的结论：关于这个物质假说的概括摘自 Roseveare, *Mercury's Perihelion,* 37–50.

119 "一位天文学家认为"：Roseveare, *Mercury's Perihelion,* 51.

120 精细结构常数：美国国家标准与技术研究院"关于常量，单位和不确定性的参考"，在线资源：http://physics.nist.gov/cgi-bin/cuu/Value?alph.

120 "所有优秀的理论物理学家"：Richard Feynman, *QED: The Strange Theory of Light and Matter,* 129.

120 物体的速度会导致引力发生改变：Roseveare, *Mercury's Perihelion,* 114–146.

第 8 章 "最快乐的思想"

125 二级技术检查员：Albrecht Fölsing, *Albert Einstein,* 231.

126 "最快乐的思想"：源于爱因斯坦在 1922 年京都讲座中的笔记。Cited in Abraham Pais, *Subtle Is the Lord,* 178–179.

126 可怕的人：莱纳德是反对"犹太物理学"运动中最有影响力的创始人。他早期加入纳粹党，成为该政权下"德国物理学"的主要倡导者。

127 没有经过进一步学术训练：爱因斯坦在 1905 年因一篇论文而获得博士学位 —— 但他只是将这篇论文提交给苏黎世大学，却没有正式在物理系以博士生身份学习过。

127 爱因斯坦将光表示为光量子：Albert Einstein, "On a Heuristic Point of View Concerning the Production and Transformation of Light," *Annalen der Physik,* 17 (1905): 132–148, *CPAE* 2, document 14, 86–

103.

127 4 月: Einstein, "A New Determination of Molecular Dimensions," *Annalen der Physik*, 17 (1905): 549–560, in *CPAE*, 2, document 15, 104–122. 这是爱因斯坦获得博士学位的论文。The blue sky paper came in 1910: A. Einstein, "The Theory of the Opalescence of Homogeneous Fluids and Liquid Mixtures near the Critical State," *Annalen der Physik*, 33 (1910): 1275–1298, *CPAE*, 3, 231–249, document 9.

128 也就是我们现在所说的狭义相对论: Einstein, "On the Electrodynamics of Moving Bodies," *Annalen der Physik*, 17 (1905): 891–921, *CPAE* 2, document 23, 140–171.

128 这意味着什么: Einstein, "On the Electrodynamics of Moving Bodies," 141.

129 如果牛顿是对的: 精确地说, 真空状态下的光速为 299 792 458 米 / 秒。

130 无论实验的精度有多么高: 对光速不变的最佳实验测试是由美国人迈克耳孙 (Albert A.Michelson) 和莫雷 (Edward W. Morley) 完成的一系列实验。实验采用了迈克耳孙发展出来的精确测量技术。这些实验确认了麦克斯韦的理论在自然界中的确存在。许多科学家需要面对牛顿和麦克斯韦理论之间的冲突, 但爱因斯坦既不了解迈克耳孙的工作, 也没有投入太多关注。他的动力几乎完全来自理论上的冲突, 以及其他较早的不确定的实验。关于爱因斯坦对这些实验了解的情形和时间的详细讨论, 请特别参阅 Abraham Pais 所著的 *Subtle is the Lord* 第 6 章, 其中包括对技术和历史的叙述。在 Albrecht Fölsing 所著的 *Albert Einstein* 第 9 章中, 也包含了对爱因斯坦的思考过程很好的总结; 虽然在内容方面较 Abraham Pais 的著作缺乏细节, 但是其数学计算更丰富, 也更容易理解。同时, 还参考了 Gerald Holton 所著的 *The Thematic Origins of Scientific Thought*, 第 8 章。

130 爱因斯坦的直觉: 爱因斯坦也意识到用一种更微妙的方式来表达光学理论与牛顿运动学之间的矛盾, 这一表述的基础是, 无论是应用于静止参照系还是运动的参照系中, 解释如何证明控制从无线电波到 X 射线的所有形式的电磁辐射光的定律都是相同的。洛伦兹提出了洛伦兹变换, 验证了麦克斯韦方程组。麦克斯韦方程组是光理论的核心, 当假定光速不变时, 它适用于除牛顿运动分析之外的其他体系。

131 空间和时间是相对而言的：对于时空相对论现代最流行的说法之一，参见 Kip Thorne, *Black Holes and Time Warps*, 71–79. 还可以阅读爱因斯坦自己试图向公众传达他理论的著作：*Relativity: The Special and General Theory*, 21–29. 人们广泛引用的闪电和火车故事就源自那里。

135 他的编辑已经：Einstein, "On the Relativity Principle and the Conclusions Drawn from It," *Jarbuch der Radioaktivitat und Elektronik*, 4 (1907) 411–62, *CPAE* 2, document 47, 252–311.

136 最快乐的思想：Fölsing, *Albert Einstein*, 231.

138 "解释尚未被解决的"：Einstein to Conrad Habicht, Dec. 24, 1907. *CPAE* 5, document 69, 47.

第 9 章 "帮帮我吧，我快要疯了"

139 爱因斯坦没有留下深刻印象：据卡尔·西利格（Carl Seelig）叙述，此处引自 Fölsing, *Albert Einstein*, 245.

139 "先生们，空间和时间的概念"：1908 年 9 月 21 日，闵可夫斯基在自然科学与医学大会物理和数学分会上做了《空间和时间》的演讲，内容在 1909 年发表："Raum und Zeit" [Space and Time] in the *Jahresberichete der Deutschen Mathematicker-Verinigun* (1909), pp. 1–14. 该演讲内容经翻译后被广泛引用，此处引自 Pais, *Subtle Is the Lord*, p. 152.

140 探索时空：有关四维思维的详细介绍，可参阅 Kip Thorne 的现代经典著作 *Black Holes and Time Warps*, 特别是第 2 章："The Warping of Space and Time," 87–120, 其中还精辟的阐述了理解广义相对论的路径。

141 "多余的知识"：Fölsing, *Albert Einstein*, p. 245.

141 "极尽奢华"：Einstein to Michele Besso , May 13, 1911, *CPAE* 5, document, 267, 187.

142 但是对马里克来说：Dmitri Marianoff, cited in Roger Highfield and Paul Carter, *The Private Lives of Albert Einstein*, 117.

142 他的办公室可以俯瞰：Frank, *Einstein: His Life and Times*, 143, quoted

in Fölsing, *Albert Einstein*, 283.

142 引力对光可能产生的作用：具体描述源自爱因斯坦的论文：A. Einstein, "On the Influence of Gravitation on the Propagation of Light," *CPAE* 3, document 23, 379–387.

145 钟表的走时慢一些：Feynman, *Six Not-So-Easy Pieces*, 131–136. 也可参阅 Thorne, *Black Holes and Time Warps*, 102–103. 二人的表述方式不同，索恩的处理方式比费曼更容易让人理解，但是它不够直接，因为它依赖于关于两个时钟如何由两个不同时间流程支配的非常微妙的争论。

146 依赖于环境：1959 年进行的庞德－雷布卡实验，以直接类似于火箭船思想实验的形式，提供了对时间引力扩张的测试。它使用了放置在哈佛杰斐逊实验室物理楼地下室和顶楼的两个伽马射线源（超高频光波）完成。正如预期的那样，根据爱因斯坦理论计算，来自两个光源的光信号的速率不同。

147 他告诉一位朋友：Einstein to Zannger, undated, probably June 1912, *CPAE* 5, document 406, 307; Einstein to M. Besso, *CPAE* 5, document 377, 276.

148 "几何学基础"：Einstein, lecturing in Kyoto in 1922, quoted in Pais, *Subtle Is the Lord*, 212.

148 爱因斯坦恳求：Ibid.

149 没有人发现错误：Robert Osserman, *The Poetry of the Universe*, 5.

152 "奇迹般的引力问题"：Einstein to Ludwig Hopf, Aug. 16, 1912, *CPAE* 5, document 416, 321.

152 水星问题：Einstein and Michele Besso, "Manuscript on the Motion of the Perihelion of Mercury," 1913, *CPAE* 4, document 14, 360–473 (German original).

153 "罪恶的快乐"：Michel Janssen 在下文中表述了这种计算错误："The Einstein-Besso Manuscript: Looking over Einstein's Shoulder," 9, online at http://zope.mpiwg-berlin.mpg.de/living_einstein/teaching/1905_S03/pdf-files/EBms.pdf. 更大的错误见文章：A. Einstein and M. Besso (1913), *CPAE* 4, document 14, 444（第 41 页为原文，在第 670 页又重述了一次），关于该错误的讨论见詹森（Janssen）的文章第 14 页。

153 难得的科学思考方式：我非常感谢爱因斯坦论文的编辑詹森对爱因斯坦 – 贝索合作的讨论。他的文章 "The Einstein-Besso Manuscript: Looking over Einstein's Shoulder." 是关于爱因斯坦如何从自身工作中获得想法最珍贵的资料。

154 爱因斯坦从没发表：1914 年，另一个物理学家约翰尼斯·德罗斯特（Johannes Droste）计算出了同样的答案并发表了他的结果，但对广义相对论的有效性这个更大的问题并没有明显的影响。Janssen, "The Einstein-Besso Manuscript: Looking over Einstein's Shoulder," 12.

156 "仅仅与个人有关的"：Einstein, "Autobiographical Note," in Schilpp, *Albert Einstein: Philosopher-Scientist*, 5.

第 10 章 "欣喜若狂"

157 "柏林的大众"：Theodor Wolff, in Das Vorspiel, vol. 1, 1924, quoted in Dieter and Ruth Glatzer, *Berliner Leben*, 506.

159 "一个人能够洋洋得意"：Einstein, "The World as I See It," originally published in 1930; reprinted in Einstein, *Ideas and Opinions*, 10.

160 黄昏临近时：关于第一次毒气袭击的记述摘自 Martin Gilbert, *The First World War*, 144–145.

160 约翰·弗伦奇爵士在报告中称：Gilbert, *The First World War*, 144.

160 "我们所有值得骄傲的技术进步"：Einstein toHeinrich Zannger, December 6,1917, *CPAE* 8, document, 403, 411–412.

161 "这个巨大的世界，"：Einstein, "Autobiographical Notes" in Schilpp, *Albert Einstein: Philosopher-Scientist*, 5.

162 使可进行比较：我感谢 AlbrechtFölsing 在他的作品 *Albert Einstein* 第 357–359 页对这些讲座的讲解。

162 爱因斯坦当面告诉他们：Einstein, "The Formal Foundation of the General Theory of Relativity," Proceedings of the Prussian Academy of Sciences, II (1914): 1030–85. In *CPAE* 6, document 9, 30–85.

162 爱因斯坦收到几封信：Fölsing, *Albert Einstein*, 359. 关于这些往来信件参见 Hendrik A. Lorentz to Einstein, between Jan. 1 and 23, 1915, and Tullia Levi-Civita to Einstien, March 28, 1915, in *CPAE* 8, documents 43 and 67, 49–56; 79–80.

162 "没人会相信你"：Einstein quoted in Miller, *Einstein, Picasso: Space, Time and the Beauty That Causes Havoc*, 228.

163 违反了狭义相对论的一个关键原则：更具体地说：他的 1913–1914 理论违背了相对运动中两个参照系之间转换的物理定律的不变性。

163 美丽而忧郁的圣诞节休战：关于 1914 年圣诞节非正式停火协议的记录很多，以下这篇值得一读：Modris Eksteins, *Rites of Spring*, 95–98。

163 未能成功涉足：Fölsing, *Albert Einstein*, 360–363.

164 让希尔伯特接受：Einstein to Wander and Geertruida de Haas, August 2, 1915, *CPAE* 8, document 144, 116–117.

164 希尔伯特相信了他：爱因斯坦提出他最终理论的前几天，希尔伯特也形成了他自己关于广义相对论的最终结论。两人的关系在 1915 年 12 月冷淡了一段时间，因为爱因斯坦认为希尔伯特可能试图分享他的发现成果，但希尔伯特迅速明确表示，他并不想争夺优先发现权，他们便迅速恢复了亲切关系。普遍的看法是，两人各自独立的、基本同时得出了同样正确的答案。但是，人们发现了一组希尔伯特论据的档案，经三位物理学史学家进行了周密分析表明，希尔伯特在 11 月形成的理论实际上是不完整的，希尔伯特根据爱因斯坦的最终结论修改了他后来发表的文章。关于上述描述参见 Leo Corry, Jürgen Renn, and John Stachel, "Belated Decisions in the Hilbert-Einstein Priority Dispute," *Science* 278, November 14, 1997.

164 "存在明显的矛盾"：Einstein to Erwin Freundlich, *CPAE* 8, document 123, 132–133.

165 全部用于思考和计算：Einstein to Arnold Sommerfeld, November 28, 1915, *CPAE* 8, document 153, 152–153.

166 四个进展中的第一部分：Einstein, "On the General Theory of Relativity," *CPAE* 6, document 21, 98–107.

167 下一个星期四：Einstein, "On the General Theory of Relativity (Addendum)" *CPAE* 6, document 22, 108–110.

168 "对水星的计算"：Einstein, "Explanation of the Perihelion Motion of Mercury from the General Theory of Relativity," *CPAE* 6, document 24, 112–116.

170 真正的心悸：Einstein to Adriaan Fokker, quoted in Pais, *Subtle Is the Lord*, 253.

170　"欣喜若狂"：Einstein to Paul Ehrenfest, January 17, 1916, *CPAE* 8, document 182, 179.

170　"多年以来在黑暗中寻找"：Einstein, The Origins of the General Theory of Relativity (Glasgow: Jackson, Wylie, 1933), quoted in Pais, *Subtle Is the Lord*, 257.

后记："渴望看到……先定的和谐"

171　关于引力的最终理论：Einstein, "The Field Equations of Gravitation," *CPAE* 6, document 25, 117–120.

171　"有一点疲惫"：Einstein to Michele Besso, December 10, 1915, *CPAE* 8, document 162, 159–60.

171　研究这些方程：Einstein to Arnold Sommerfeld, December 9, 1915, *CPAE* 8, document 161, 159.

172　质量和能量告诉时空：物理学家约翰·惠勒（John Wheeler）首先推广了这个广义相对论的框架。

173　"我已经忘了如何去憎恨"：Einstein to Besso, May 13, 1917, *CPAE* 8, document 339, 329–330.

174　计划下一次可观测的日食：Matthew Stanley, "An Expedition to Heal the Wounds of War: The 1919 Eclipse and Eddington as Quaker Adventurer," *Isis* 94, 1 (2003): 72.

174　"必须执行拍摄计划"：Stanley, "An Expedition to Heal the Wounds of War," 76. 1991 年日食时，这位作者在为美国公共电视网（PBS）"新星"（*NOVA*）系列节目拍摄了影片时有类似的经历：在全食开始 15 分钟之前，夏威夷冒纳凯阿火山山顶上空，云彻底遮住了太阳（和我的相机）。我发现自己正在与各方神圣讨价还价，希望天空能晴朗起来——它最终放晴了。

175　"透过云层。有希望。"：Ibid.

175　"'我知道'"：Anna Oppenheim-Errara, personal communication in 1995. 安娜·奥本海姆 – 费拉拉 1911 年在第一届索尔维会议上见到爱因斯坦，那时她还是一位订婚待嫁的青春女孩儿。她的父亲是布鲁塞尔大学的教务长，未婚夫是一名物理学家。在一次她父亲为杰出访问学者举办的招待会上，她的未婚夫将看上去相当邋遢但却显得非常年轻的爱因斯坦指给她看，并让她给爱因斯坦拿了一块三明治。他告诉她，尽管外表如此，但爱因斯坦是那些人中最伟大的。

177 爱丁顿认为合理：Stanley, "An Expedition to Heal the Wounds of War," 78.

179 "促使人们去做这种工作的精神状态"：爱因斯坦 1918 年在德国物理学会的演讲，引自 Pais, *Subtle Is the Lord*, 26–27.

参考文献

任何对历史的阐释都离不开前人的工作，同时又需要有所创新。本书亦无例外。本书所参考的书籍和文章见下述内容，但我想对其中个别作者致以特别的感谢。

对任何对艾萨克·牛顿感兴趣的人来说，理查德·韦斯特福尔（Richard Westfall）的《永不止息》（*Never At Rest*）是无可替代的作品。这本传记是经典中的经典。它从技术上概括了牛顿科学的坚实基础，同时也广泛而生动地描述了牛顿的生活。它的参考书目可以充分满足读者们对了解牛顿的渴望。I. B. 科恩（I. B. Cohen）和安·惠特曼（Ann Whitman）对《原理》的解读深得其中真谛。对一本内容严重依赖图表的书来说，这一版的设计是目前所有设计中最好的。在这一版中，科恩用超过三百页的篇幅为读者进行了讲解和阐释，这份读者导读是无与伦比的。

19世纪行星猎人的故事一直都吸引着众多优秀的专业作家和一小批通俗作家骨干。许多前人的作品对本书有着不可估量的价值，这既包括作品自身所涵盖的内容，也包括在调研资料时作品对我的指引。关于勒威耶研究的细节，主要参考了詹姆斯·勒克（James Lequeux）近来所作的最新的详尽传记。至于祝融星在海王星的发现中的幕后故事和1859年之后的命运，我从理查德·鲍姆（Richard Baum）和威廉·希恩（William Sheehan）所作的《寻找祝融星》（*In Search of Planet Vulcan*）中深深地获得了启发。这本书的优点数不胜数，其中之一就是它引证严谨，既把事情说得明白清楚，又像是打开了一扇研究19世纪天文学资源的大门，这对我而言简直是无价之宝。实际上，正是这本书在某种程度上使我萌发了写书的想法。尽管这本书在资料调研方面一丝不苟，但我经常对作者的解读持不同意见……这些争论就嵌在这里。

鲍姆、希恩和我在很大程度上都参考了历史学家罗伯特·方坦罗斯（Robert Fontenrose）的工作。对那些19世纪后半叶声称发现这颗假想行星的追随者，他的论文分别从专业和通俗角度都做了详细介绍。最后，N. T. 罗斯维尔（N. T. Roseveare）在《水星近日点》（*Mercury's Perihelion*）一书中，细数了人们对于水星轨道所提出的理论，从发现近日点异常进动到爱因斯坦的终极答案——甚至包括到目前为止，试图取代广义相对论，但是尽数失败的理论。

在关于爱因斯坦和他通向广义相对论的研究之路上，我欠了许多人情。在致谢中，已一一感谢了那些多年来花时间和我一起执着于这一工作的同伴们。在本书的准备过程中，有三部作品令我受益匪浅。第一部是亚伯拉罕·派斯（Abraham Pais）的《上帝难以捉摸》（*Subtle Is the Lord*）。三十多年以来，这部作品始终是最好的爱因斯坦传记。尽管后来的学者通过研究爱因斯坦论文，不断地发现爱因斯坦在众多方面工作思路的新信息，但派斯的作品始终是使人们理解他的朋友（爱因斯坦）全方位科学诉求和成就的关键起点。阿尔布莱希特·弗尔辛（Albrecht Fölsing）的《爱因斯坦传》（*Albert Einstein*）则是另一典范，相比派斯的作品，这部作品在了解爱因斯坦的科学旅程方面的阅读门槛更低一些。与此类似的还有沃尔特·艾萨克森（Walter Isaacson）的《爱因斯坦传》（*Einstein*），这是最新、最有趣的流行传记，如果你不打算从数学角度去了解爱因斯坦（想要从数学的角度了解爱因斯坦可阅读派斯的作品），这本书就是最好的入门读物。

最后，我还参考了两部自己的作品。在撰写《牛顿与伪币制造者》（*Newton and the Counterfeiter*）和《爱因斯坦在柏林》（*Einstein in Berlin*）两本书时所做的调研都在本书的写作中派上了用场。正如前面注释已表明，第 1 章、第三部分和后记中的一些段落都以不同形式在上述两本书中已出现过。

Airy, George Biddell. "Account of Some Circumstances Historically Connected with the Discovery of the Planet Exterior to Uranus." *Monthly Notices of the Royal Astronomical Society* 7 (November 8, 1846).

Anonymous (leader). "Miscellaneous Intelligence: A Supposed New Interior Planet." *Monthly Notices of the Royal Astronomical Society* 20, 3 (January 13,1860): 98–100.

Baedeker, Karl (firm). *Paris and Environs with routes from London to Paris and from Paris to the Rhine and Switzerland: Handbook for travellers.* 7th ed. Remodeled and augm. Leipsig: K. Baedeker, 1881.

Baum, Richard L., and William Sheehan. *In Search of Planet Vulcan.* New York: Plenum Press, 1997.

Bell, Trudy E. "Gould, Benjamin Apthorp." Entry in the *Biographical Dictionary of Astronomers*. New York: Springer, 2014, 833–36.

Benson, Michael. *Cosmigraphics*. New York: Abrams, 2014.

Bertrand, M. J. "Éloge historique de Urbain-Jean-Joseph Le Verrier." *Annales de l'Observatoire de Paris* 15 (1880): 3–22, http://www. academie-sciences.fr/activite/ archive/dossiers/eloges/leverrier_vol3255. pdf: 81–114. Pagination in endnotes from the web edition.

Bouvard, Eugène. "Nouvelle Table d'Uranus." *CRAS* 21 (1845): 524–25.

Brewster, David. "Romance of the New Planet." *North British Review*, Edinburgh, T. and T. Clark 33 (August–November 1860): 1–21.

British Association. *Report of the Thirty First Meeting of the British Association for the Advancement of Science; Held at Manchester in September 1861*. London: John Murray, 1862.

Browne, Janet. *Charles Darwin: The Power of Place* (vol. II of a biography). Princeton: Princeton University Press, 2002.

Carrington, R. C. In the 10th number of Professor Wolf's *Mittheilungen über die Sonnenflecken*, several cases are quoted of the observation of planetary bodies in transit over the sun, "some of which are evidently of another character, but the following deserving of attention." *Monthly Notices of the Royal Astronomical Society* 20, 3 (January 13, 1860): 100–101.

—— "On some previous Observations of supposed Planetary Bodies in Transit over the Sun." *Monthly Notices of the Royal Astronomical Society* 20, 5 (March 9, 1860): 192–94.

Clarke, John Joseph. "Reminiscences of Wyoming in the Seventies and Eighties." *Annals of Wyoming* 1 and 2 (1929):225–36.

Cohen, I. Bernard, and George E. Smith, eds. *The Cambridge Companion to Newton*. Cambridge: Cambridge University Press, 2002.

Cohen, I. Bernard, and Richard S. Westfall. *Newton: Texts, Backgrounds and Commentaries*. New York: W. W. Norton, 1995.

Cook, Alan H. *Edmond Halley: Charting the Heavens and the Seas*. Oxford: Oxford University Press, 1998.

Corry, Leo, Jürgen Renn, and John Stachel. "Belated Decisions in the Hilbert- Einstein Priority Dispute." Science 278 (November 14, 1997): 1270–73.

Coumbary, Aristide. "Lettre de M. Aristide Coumbary." *CRAS* T60 (1865): 1114–15.

Denning, William. "The Supposed New Planet Vulcan." *The Astronomical Register* VII (1869): 89.

———. "The Supposed Planet Vulcan." *The Astronomical Register* VIII (1870): 77–78, 108–9.

———. "The Supposed Planet Vulcan." *The Astronomical Register* IX (1871): 64.

Dobbs, B.J.T. *The Janus Faces of Genius: The Role of Alchemy in Newton's Thought*. Cambridge: Cambridge University Press, 1991.

Edison, Thomas. "Autobiographical Notes." Accessed at the Carbon County Museum, Rawlins, Wyoming, on January 23, 2015.

Einstein, Albert. *The Collected Papers of Albert Einstein*, online at http://einsteinpapers.press.princeton.edu/.

———. *Relativity: The Special and General Theory*. New York: Dover, 15th edition, 1952 (the first edition was published in 1916).

———. Ideas and Opinions. New York: Crown Publishers, 1954.

Eksteins, Modris. *Rites of Spring*. Boston: Houghton Mifflin/Mariner, 2000.

Fawcett, Henry. "Transactions of the Sections." *Report of Thirty First Meeting of the British Association for the Advancement of Science*. London: John Murray, 1862.

Faye, Hervé. "Remarques de M. Fay à l'occasion de la lettre de M. Le Verrier." *CRAS*, T49 (1859): 383–85.

Feynman, Richard. *The Characteristic of Physical Law*. London: BBC, 1965.

———. *The Meaning of It All*. New York: Perseus Books, 1998.

———. *Six Not-So-Easy Pieces*. New York: Basic Books, 1997.

———. *QED: The Strange Theory of Light and Matter*. Princeton: Princeton University Press, 1985.

Fölsing, Albrecht. *Albert Einstein*. New York: Viking Penguin, 1997.

Fontenrose, Robert. "In Search of Vulcan." *The Journal for the History of*

Astronomy 4 (1973): 145–58.

Fox, Robert. *The Savant and the State: Science and Cultural Politics in Nineteenth-Century France*. Baltimore: Johns Hopkins University Press, 2012.

Frank, Philipp. *Einstein: His Life and Times*. New York: Alfred A. Knopf, Inc., 1947, rev. 1953.

Galignani A. and W. *Galignani's New Paris Guide*. Paris: A. and W. Galignani, 1852.

Galison, Peter. *Einstein's Clocks and Poincaré's Maps*. New York: W. W. Norton & Co., 2003.

Gilbert, Martin. *The First World War*. New York: Henry Holt, 1994.

Gillispie, Charles Coulston, with the collaboration of Robert Fox and Ivor Grattan-Guinness. *Pierre-Simon Laplace 1749–1827: A Life in Exact Science*. Princeton: Princeton University Press, 1997.

Glatzer, Dieter, and Ruth Glatzer. *Berliner Leben*, 2 vols. Berlin: Rütten & Verlag, 1988.

Goodstein, David L., and Judith R. Goodstein. *Feynman's Lost Lecture*. New York: W. W. Norton & Company, 1996.

Gould, Benjamin. "Sur l'éclipse solaire du 7 août dernier." *CRAS* 69 (1869): 813–14.

Grosser, Morton. *The Discovery of Neptune*. Cambridge, Massachusetts: Harvard University Press, 1962.

Hacking, Ian. *The Emergence of Probability: A Philosophical Study of the Early Ideas About Probability, Induction and Statistical Inference*. Cambridge: Cambridge University Press, 1975.

Hahn, Roger. *Pierre Simon Laplace, 1749–1827: A Determined Scientist*. Cambridge, Massachusetts: Harvard University Press, 2005.

Highfield, Roger, and Paul Carter. *The Private Lives of Albert Einstein*. New York: St. Martin's Griffin, 1994.

Holton, Gerald. "Einstein's Third Paradise." *Daedalus* (Fall 2003): 26–34.

——. *The Thematic Origins of Scientific Thought: Kepler to Einstein*. Cambridge, Massachusetts: Harvard University Press, 1988.

Institut de France. *Centennaire de U. J. J. Le Verrier*. Paris: Gauthier-Villars, 1911.

Isaacson, Walter. Einstein: *His Life and Universe*. New York: Simon and Schuster, 2007.

Janiak, Andrew. "Newton's Philosophy." *Stanford Encyclopedia of Philosophy* (Summer 2014), Edward N. Zalta (ed.), http://plato.stanford.edu/archives/sum2014/entries/newton-philosophy/.

Janssen, Michel. "The Einstein-Besso Manuscript: Looking Over Einstein's Shoulder," http://zope.mpiwg-berlin.mpg.de/living_einstein/teaching/1905_S03/pdf-files/EBms.pdf.

——. "The twins and the bucket: How Einstein made gravity rather than motion relative in general relativity." *Studies in History and Philosophy of Modern Physics* 43 (2012): 159–75.

Kronk, Gary. "From Superstition to Science." *Astronomy* 41, 11 (November 2013): 30–35.

Kühn, Sebastian, and Bill Rebiger. "Hidden Secrets or the Mysteries of Daily Life. Hebrew Entries in the Journal Books of the Early Modern Astronomer Gottfried Kirch." *European Journal of Jewish Studies* 6, 1 (2012): 149–50.

Laplace, Pierre-Simon. *Essai philosophique sur les probabilités*. Translated by Frederick Wilson Truscott and Frederick Lincoln Emory. New York: John Wiley & Sons, 1940.

——. *Mechanism of the Heavens*. Translated by Mary Somerville. Cambridge: Cambridge University Press, 1831 and 2009.

Ledger, E. "Observations or supposed observations of the transits of intra-Mercurial planets or other bodies across the sun's disk." *The Observatory* 3, 29 (1879): 135–38.

Lequeux, James. *Le Verrier—Magnificent and Detestable Astronomer*. New York: Springer, 2013.

Levenson, Thomas. *Einstein in Berlin*. New York: Bantam, 2003.

——. *Newton and the Counterfeiter*. New York: Houghton Mifflin Harcourt, 2009.

Leverington, David. *Babylon to Voyager and Beyond: A History of Planetary Discovery*. Cambridge: Cambridge University Press, 2003.

Le Verrier, Urbain-Jean-Joseph. "Examen des observations qu'on a présentées à diverses époques comme appartenant aux passage d'une planète intra-mercurielle (suite). Discussion et conclusions." *Comptes Rendus* 83 (1876): 621–23.

——. "Consdérations sur l'ensemble du système des petites planètes situées entre Mars et Jupiter." *CRAS* T37 (1853): 793–98.

——. "Détermination nouvellé dé l'orbite de Mercure et de ses perturbations." *CRAS* 16 (1843): 1054–65.

——. "Les planètes intra-mercurielles (suite)." CRAS 83 (1876): 647–50.

——. "Lettre de M. Le Verrier á M. Faye sur la théorie de Mercure et sur le movement du périhélie de cette planète." *CRAS* 49 (1859): 379–83.

——. "Lettre de M. Le Verrier adressée à M. le Maréchal Vaillant" and "Lettre de M. Aristide Combary." *CRAS* 60 (1865):1113–15.

——. "Nouvelles recherches sur les mouvements des planètes." *CRAS* 29 (1849): 1–5.

——. "Première Mémoire sur la théorie d'Uranus." *CRAS* 21 (1845): 1050–55.

——. "Recherches sur les mouvements d'Uranus." *CRAS* 22 (1846): 907–18.

——. "Remarques" [on M. Lescarbault's observation of a planet inside the orbit of Mercury]. *CRAS* 50 (1860): 45–46.

——. "Sur la planète qui produit les anomalies observées dans le mouvement d'Uranus.—Détermination de sa masse, de son orbite et de sa position actuelle." *CRAS* 23 (1846): 428–38.

——. "Sur les variations séculaires des orbites des planètes." *CRAS* 9 (1839):370–74.

——. "Sur l' influence des inclinaisons des orbites dans le perturbations des planètes. Détermination d' une grande inégalité du moyen mouvement de Pallas." *CRAS* 13 (1841): 344–48.

——. "Théorie et Table du mouvement de Mercure." *Annales de l'Observatoire Impérial de Par*is 5 (1859): Chapter XV, 1–196.

Loomis, Elias. *The Recent Progress of Astronomy; especially in the United*

States. New York: Harper & Brothers, 1850. (Google ebook: https://play. google.com/ store/books/details?id=o0IDAAAAQAAJ&rdid=book-o0IDAAAAQAAJ&rdot=1).

McMullin, Ernan. "The Impact of Newton's Principia on the Philosophy of Science." *Philosophy of Science* 68, 3 (September 001): 279–310.

Meeus, J. "The maximum possible duration of a total solar eclipse." *Journal of the British Astronomical Association* 113, 6 (December 2003): 343–48.

Miller, Arthur. *Einstein, Picasso: Space, Time and the Beauty That Causes Havoc*. New York: Basic Books, 2002.

New York Times. "Vulcan." May 27, 1873, p. 4.

New York Times. "Vulcan." September 26, 1876, p. 4.

Newton, Isaac. *The Principia: Mathematical Principles of Natural Philosophy*. Translated by I. Bernard Cohen and Anne Whitman. Berkeley: University of California Press, 1999.

The Newton Papers Project, online at http://www.newtonproject.sussex. ac.uk/prism.php?id=1.

Nichol, John Pringle. *The Planet Neptune: An Exposition and History*. Edinburgh: John Johnstone, 1848. (Google ebook: http://books.google. com/books?id=BxUEAAAAQAAJ&pg=PP1&lpg=PP1&dq=the+planet+neptune+pringle+nichol&source=bl&ots=S3VK9uuICa&sig=0R8tgZVNb14X6-PI5ibQ4oaCGsQ&hl=en&sa=X&ei=y6h0VLeeBqq_sQS3zoKwAw&ved=0CE4Q6AEwBQ#v= onepage&q=the%20planet%20neptune%20pringle%20nichol&f=false).

Osserman, Robert. The Poetry of the Universe. New York: Anchor, 1995.

Pais, Abraham. *Subtle Is the Lord*. New York: Oxford University Press, 1982. (The one essential biography of Einstein, written by a wonderful man who is mentioned in the acknowledgments.)

Peters, C.F.H. (Quoted in) [Unsigned] "The Intra-Mercurial Planet Question." *Nature*. 20, 521(1879): 597–99.

Poincaré, Henri. *Science and Hypothesis*. New York: Dover Publications, 1952.

——. *Science and Method*. New York: Dover Publications, 1952.

——. *The Value of Science*. New York: Dover Publications, 1958.

Proctor, R. A. "New Planets Near the Sun." London: Strahan and Company, *The Contemporary Review* XXXIV (March 1879): 660–77.

Radau (misprinted Radan), J.C.R. "Future Observations of the supposed New Planet." *Monthly Notices of the Royal Astronomical Society* 20, 5 (March 9, 1860): 195–97.

Roberts, Philip. "Edison, The Electric Light and the Eclipse." *Annals of Wyoming* 53, 1 (1981): 54–62.

Roseveare, N. T. *Mercury's Perihelion: From Le Verrier to Einstein*. Oxford: Clarendon Press, 1982.

Royal Astronomical Society (unsigned). "A supposed new interior planet." *Monthly Notices of the Royal Astronomical Society* 20, 5 (1860): 98–100.

——. "Lescarbault's Planet." *Monthly Notices of the Royal Astronomical Society* 20, 8 (1860): 344.

Ruffner, J. A. "Isaac Newton's Historia Cometarum and the Quest for Elliptical Orbits." *Journal for the History of Astronomy* 41, 145, part 4 (November 2010): 425–51.

Schaffer, Simon. "Newtonian Angels," in Joad Raymond, ed. *Conversations with Angels: Essays Towards a History of Spiritual Communication, 1100–1700*. Basingstoke: Palgrave Macmillan, 2011.

Schilpp, Paul Arthur, ed. *Albert Einstein: Philosopher-Scientist*. La Salle, Illinois: Open Court, 1949. Third Edition, 1982.

Schlör, Joachim. *Nights in the Big City: Paris, Berlin, London 1840–1930*. London: Reaktion Books, 1998.

Seelig, Carl. *Albert Einstein: A Documentary Biography*. London: Staples Press, 1956.

Stanley, Matthew. "An Expedition to Heal the Wounds of War: The 1919 Eclipse and Eddington as Quaker Adventurer." *Isis* 94, 1 (March 2003): 57–89.

Thorne, Kip. *Black Holes and Time Warps: Einstein's Outrageous Legacy*. New York: Norton, 1995.

United States Naval Observatory. *Washington Observations*, 1876 and 1880.

Unsigned. "A Descriptive Account of the Planets." *The Astronomical Register*, IV, 41 (1866): 129–32.

Unsigned, "A supposed new interior planet." *Monthly Notices of the Royal Astronomical Society* 20, 5 (1860): 98–101.

Unsigned. "The Intra-Mercurial Planet Question." *Nature* 20, 521 (1879): 597–99.

Unsigned. "Lescarbault's Planet." *Monthly Notices of the Royal Astronomical Society* 20, 8 (June 8, 1860): 344.

Unsigned. "The Planet Vulcan." *Littell's Living Age* 131, 1690 (1876): 318–20.

Unsigned "The New Planet Vulcan." *Manufacturer and Builder*." 8, 11 (November 1876): 255

Various, including Simon Newcomb, W. T. Sampson, and James C. Watson. "Reports on the total solar eclipses on July 29, 1878 and January 11, 1880." *Washington Observations 1876*, Appendix III, Washington: United States Naval Observatory, 1880.

Walker, Sears C. "Researches Relative to the Planet Neptune." In *Smithsonian Contributions to Knowledge*, Vol. II, Washington, D.C.: Smithsonian Institution, 1851.

Watson, James C. "Schreiben des Herrn Prof. Watson an den Herausgeber." *Astronmische Nachtrichten* 95(1879):101–6.

Webb, T. W. *Celestial Objects for Common Telescopes*. London: Longman, Green, Longman, and Roberts, 1859.

Westfall, Richard. *Never at Rest*. Cambridge: Cambridge University Press, 1983.

Wilczek, Frank. "Whence the Force in F=ma?" *Physics Today* (2004), retrieved at http://ctpweb.lns.mit.edu/physics_today/phystoday/%20 Whence_cshock.pdf.

Wilson, Curtis. "The Great Inequality of Jupiter and Saturn: From Kepler to Laplace." *Archive for History of Exact Sciences* 33(1985): 15–290

插图来源

出版后记

今年 7 月初发生的智利日全食，对天文学界而言是一场盛宴。再往前回看 2017 年，横跨整个美国的超级日食更是吸引了全球各地的天文观测者前去观赏。当然，要是细数从古至今的著名日全食事件，1919 年 5 月 29 日的那一次绝对不容遗忘。故事还要从牛顿开始讲起。

在爱因斯坦之前，牛顿建立起了整个物理学的基础，人们选择运用牛顿万有引力定律解释宇宙的奥秘。特别是勒威耶运用牛顿定律在"笔尖上"发现了海王星，更证实了这个伟大定律的正确性。水星轨道的异常问题困扰了天文学家多年，勒威耶沿用发现海王星的办法，提出水星轨道内还存在一颗未知的行星——祝融星，于是，人们开始了漫长的猎星之旅。然而这一次，牛顿定律似乎"失效"了。

直到 1915 年，爱因斯坦提出广义相对论，并首先将其应用于解决水星近日点异常进动。他从计算中可以确认，祝融星并不存在，这个困扰人们多年的问题至此才终于得到解决。而 1919 年的那次日全食，是广义相对论第一次经过实验得到验证。爱因斯坦曾经说过："想象力比知识更重要。"在他卓绝的想象力之下，现代物理学的大门就此开启。

本书作者讲述了这段几近为众人所遗忘，却又承上启下的历史。这其中既有对科学家生活和性情的趣味描述，又有对科学工作所涉及的知识的通俗解读，使读者毫不费力地理解引力、时空弯曲和相对论的缘起。此外，我们还能从本书中看到科学工作是如何开展的，以及科学家如何思考问题并解决问题。相对论（包括狭义相对论和广义相对论）已诞生逾百年。科学家于2016年直接探测到引力波，又于今年揭晓黑洞的首张照片，这些发现都确证了广义相对论的预言。大胆质疑、打破传统、勇于想象，这永远是科学不断前进的动力。古往今来，总是有先行者不囿于窠臼，而科学就在这些勇士的脚下不断进步。

服务热线：133-6631-2326　　188-1142-1266
服务信箱：reader@hinabook.com

后浪出版公司
2019年8月